Petroimperialismus und Freiheit?

ISS

International Security Studies

Herausgegeben von
Dr. Andrea K. Riemer

Band 7

PETER LANG
Frankfurt am Main · Berlin · Bern · Bruxelles · New York · Oxford · Wien

Andrea K. Riemer

Petroimperialismus und Freiheit?

Die Irak-Intervention aus geoökonomischer Sicht der USA im Kontext der amerikanischen Außenpolitik

PETER LANG
Internationaler Verlag der Wissenschaften

Bibliografische Information der Deutschen Nationalbibliothek
Die Deutsche Nationalbibliothek verzeichnet diese Publikation in der Deutschen Nationalbibliografie; detaillierte bibliografische Daten sind im Internet über <http://www.d-nb.de> abrufbar.

Gedruckt mit Unterstützung des Bundesministeriums
für Wissenschaft und Forschung in Wien.

ISSN 1610-529X
ISBN 978-3-631-57084-5

www.peterlang.de

Inhaltsverzeichnis

Vorwort

„After 9/11 everything changed. Many foreign policy issues were now viewed through the prism of smoke rising from the World Trade Center and the Pentagon. For many in the Bush Administration, Iraq was unfinished business. They seized on the emotional impact of 9/11 and created a psychological connection between the failure to act decisively against al-Qu'aida and the danger posed by Iraq's WMD programs. The message was: We can never afford to be surprised again. In the case of Iraq, if sanctions eroded and nothing were done (and the international community had little patience for maintaining sanctions indefinitely), we might wake up one day to find that Saddam possessed a nuclear weapon, and then our ability to deal with him would take on an entirely different cast. Unfortunately, this train of thought also led to some overheated and misleading rhetoric, such as the argument that we don't want our "smoking gun to be a mushroom cloud".[1]"

Die Passage aus dem aktuellen Buch des ehemaligen CIA-Direktors *George Tenet* charakterisiert die Situation kurz vor der Irakintervention aus der Sicht des Nachrichtendienstes, jedoch nicht notwendigerweise aus der Sicht der politischen Entscheidungsträger um Präsident *Bush* und Vizepräsident *Cheney*. Die teilweise diametral entgegen gesetzten Ansichten, ob interveniert werden soll und wenn ja, in welcher Form, sind mit einer der Gründe für das Scheitern der Befriedung des Iraks durch die USA. Darüber hinaus trugen die unklaren, teilweise fabrizierten Interventionsgründe aus diversen Kreisen der *Bush*-Administration dazu bei, das nachhaltige negative Bild der USA auf globaler Ebene abzugeben. Daran ändern vordergründige Annäherungen zu Alliierten nur bedingt etwas.

So ist es auf der Hand liegend, dass es kaum eine Intervention der USA gab, die derart heftig diskutiert wurde wie der Regimewechsel im Irak im Jahr 2003. Bereits die Motivation für die Intervention, welche 1998 in einem offenen Brief an den damaligen Präsidenten *Bill Clinton* u. a. von *Donald Rumsfeld* und *Richard Perle* deutlich gemacht wurde, ließ mehr Fragen offen als sie beantwortete.[2]

Die Schaffung des Interventionsprätextes mit Informationen, die sich im Nachhinein als manipuliert und ‚fabricated' herausstellten,[3] die Planung des Feldzuges, welche die diametral entgegen gesetzten Positionen zwischen hohen Vertretern der Streitkräfte und politischen Entscheidungsträgern deutlich machten,[4] die Durchführung des Feldzuges und vor allem die faktische Nichtbewältigung der Phase des Nation Building[5] - wohl auch durch den unangebrachten Vergleich mit der Lage in einigen Staaten nach dem Zweiten Weltkrieg - brachten die USA und ihre gesellschaftlich-politischen Eliten in eine Situation, die sich noch ehesten mit jener nach dem Vietnamkrieg vergleichen lässt.

Die USA hatten ihr ‚Befreier-Image', welches sie nach dem Zweiten Weltkrieg aufbauen konnten, innert kürzester Zeit ebenso verspielt, wie jenen ‚Bonus', den man nach den Ereignissen vom 11. September 2001 zugestand. Der Irak wurde aufgrund einer Reihe von primär politischen Fehlentscheidungen und Fehlkalkulationen zu einem Trauma für die USA.[6] Verbale Spitzfindigkeiten, persönliche Animositäten, klassische Interagency-Konflikte, unverständliche Alleingänge von einzelnen Akteuren,[7] Manipulationen und Verdrehungen von Informationen, um eine vorgefertigte Meinung umzusetzen und Mangel an Mut bei Entscheidungsträgern erwiesen sich als fatale Kombination.[8] Ein Abgehen von der gewählten Linie erwies sich als nahezu unmöglich.

Gleichzeitig ist die Intervention ein Beispiel für komplexe Argumentationen und Rechtfertigungen von Eingriffen von Teilen der Administration, die sich derart einzementiert hatten, dass sie warnenden Stimmen aus dem eigenen Bereich nicht mehr folgen konnten, weil sie ansonsten das politische Gesicht verloren hätten.

Die Irak-Intervention ist letztlich auch ein Beispiel für eine grundlegend falsche Einschätzung der Möglichkeiten seitens einer Großmacht, die internationale Ordnung im 21. Jahrhundert mit nicht mehr zeitgemäßen Instrumenten zu gestalten. Dies äußert sich bereits in der ambivalenten Zusammensetzung der Administration, die aus Traditionalisten und aus Transformatoren bestand. Beide Gruppen hatten ihre Wurzeln im Gedankenbild des Kalten Krieges. So kam es zu einer nahezu beispiellosen intellektuellen Zerreißprobe innerhalb des engsten Beraterkreises von Präsident *Bush* – mit dem bekannten Ergebnis.

Man darf davon ausgehen, dass ein neuer amerikanischer Präsident das Erbe des ungelösten Iraks übernehmen und auch einer Lösung zuführen wird müssen, gleich aus welcher Partei dieser Präsident kommen wird. Neben psychologischen Aspekten sind vor allem wirtschaftliche Konsequenzen und der enorme Imageschaden zu korrigieren. Die USA sind somit in einem ‚Doppeltrauma' gefangen – ‚9/11' und der gescheiterte Regimewechsel im Irak – beides sind beachtliche Hypotheken für einen neuen amerikanischen Präsidenten. Dabei werden die so genannten ‚enduring parameters' eine Schlüsselrolle spielen. Gleich wie die Nuancierung der Außenpolitik aussieht, diese dauerhaften Parameter geben den Rahmen für jede Administration vor.

Die Irak-Intervention dient als Fallbeispiel für die Anwendung der Parameter unter besonderen Umständen, nämlich in der Phase nach einer der wenigen Attacken auf amerikanisches Territorium. Diese Besonderheit ist in der Einschätzung zu berücksichtigen, jedoch nicht über zu bewerten.

Die vorliegende Arbeit ist dazu gedacht, Hintergründe und Motive der amerikanischen Außenpolitik darzulegen und verständlich zu machen. Erst das Verständnis für einen Akteur eröffnet die Möglichkeit, fundiert Kritik zu üben. Die kritische Auseinandersetzung bildet die Grundlage zu jeglicher Weiterentwicklung auf intellektueller und politischer Ebene. Die an sich als problematisch eingestufte Intervention im Irak 2003 eignet sich dafür ganz besonders.

Mein Dank gilt meinen Kollegen aus der Academic Community, die mir wie immer wertvolle Diskussionspartner waren und mich auf die vielfältigen Nuancen in der amerikanischen Außenpolitik aufmerksam machten.

Ferner sei den Sponsoren gedankt, die in bewährtem Maß zur Drucklegung dieses Bandes wesentlich beitrugen.

Schließlich gilt mein besonderer Dank dem Verlag Peter Lang, der diese Reihe und dieses Buch ermöglicht und mit großem Geschick und Erfahrung betreut hat und mich seit mehr als zehn Jahren treu und geduldig auf meinem akademischen Weg begleitet.

Wien, im November 2007 Andrea K. Riemer

1. Der Arbeitsrahmen

„Extending hope and opportunity depends on a stable supply of energy that keeps America's economy running and America's environment clean. For too long our nation has been dependent on foreign oil. And this dependence leaves us more vulnerable to hostile regimes, and to terrorists -- who could cause huge disruptions of oil shipments, and raise the price of oil, and do great harm to our economy.[9]*"*

Besonders aufgrund der vielschichtig diskutierten Begründungen für die Intervention erscheint es wichtig, sich mit geoökonomischen Facetten des Regimewechsels im Irak auseinanderzusetzen. Der Zugang zu Öl wurde immer wieder als Hintergrund bzw. als Mitgrund für den Eingriff genannt, jedoch kaum unter Hinteranziehung von Fakten und Zahlen debattiert. Vielmehr wurde großzügig und begrifflich unscharf über geopolitische Gründe diskutiert, die letztlich im Dunklen blieben und sich in Worthülsen ergingen.

Die Arbeit geht möglichen geoökonomischen Hintergründen für den Regimewechsel nach und versucht darzulegen, dass Geoökonomie ein wesentlicher Motivationsfaktor neben geostrategischen Aspekten wie dem seit Präsident Jimmy Carter unabdingbaren Zugang zum Persischen Golf in der strategischen und geopolitischen Debatte war.

Die Region markiert seit Jahrzehnten einen Choke-Point (=strategisches Nadelöhr) aus amerikanischer Sicht, den es abzusichern gilt. Schafft man es, mittels eines Regimewechsels einen ‚beacon of democracy' und ein ‚role model' zu kreieren, dann, so die Argumentation, hätte man den Ressourcenzugang auf Jahrzehnte gesichert.

Mittelfristig ging es den USA neben der Zugangsfrage vor allem um die Ressourcensicherung für Allianzpartner und um die nachhaltige Preisgestaltung am internationalen Rohölmarkt. Darüber hinaus wollte man Abhängigkeiten so gering wie möglich halten, einzelne regionale Akteure domestizieren und so wiederum den Zugang zu sichern. Ferner war man bestrebt, einen möglichen Swing-Producer[10] in den amerikanischen Einflussbereich bringen.

Überlagert wurde die Beurteilung der Lage durch den kurzfristigen Erfolg in Afghanistan und durch den Metanarrative des Global War on Terrorism, welcher aus der Perspektive der Regierung von *George W. Bush* die Rechtfertigung für das Außergewöhnliche war – eine Intervention im Irak mit eingeschlossen. Das Argument der Befriedung des Nahen Osten, eine Gefährdung Israels und ein Regime Change im Irak sind bestenfalls Sekundär- und Tertiärargumente.

Mittlerweile ist die Erstargumentation nahezu nicht mehr nachvollziehbar, ja – man wünscht dies auch nicht wirklich – zu verfahren ist die Lage. Im Herbst 2007 präsentierte sich die Situation im Irak volatiler denn je (von punktuellen und temporären Stabilisierungen abgesehen), wenngleich die amerikanischen Verluste zurückgegangen waren. Geoökonomische Fragen waren wiederum in den Hintergrund gerückt. Die Diskussion wurde ab Dezember 2006 vor allem von der Frage nach einer kurzfristigen Truppenaufstockung (‚surge') und einem darauf folgenden Abzug bzw. einer permanenten Teilstationierung von amerikanischen Truppen nach dem Beispiel Südkorea geprägt. Der Irak und eine Befriedung des Landes wurden zur Nagelprobe für *George W. Bush* und seine zweite Amtszeit. *Bush* musste sich mit einem demokratisch dominierten Kongress, einer Studie der *Iraq Study Group*,[11] die von hochkarätigen Experten aus beiden politischen Lagern besetzt war und mit einer klaren Empfehlung vor die Öffentlichkeit trat und dem Bericht zur Lage im Irak von General *David Petraeus* im September 2007,[12] der *Bush* letztlich keine wirkliche Option in die Hand gab und auch keinen gesichtswahrenden Abgang ermöglichte, auseinandersetzen.

Es wird von folgender **Hypothese** ausgegangen:

Geoökonomie war eine von mehreren Dimensionen und Beweggründen, die in die strategische Einschätzung der Region Mittlerer/Naher Osten durch die USA einfloss. Der Zugang zu den Ölquellen zeigt sich als kurz- und mittelfristiges Mitnahmeprodukt und gilt als langfristig relevanter Interventionsgrund.

Die vorliegende Arbeit geht von folgenden **Fragestellungen** aus:

1. Welches sind die konstanten Parameter der amerikanischen Außenpolitik und wie wirken sich diese auf die strategischen Konzepte aus?
2. Welche weiteren Einflussfaktoren für die Gestaltung der amerikanischen Außenpolitik gibt es und wie wirken sich diese auf die Politikgestaltung und Strategieformulierung aus?
3. Wie ist die amerikanische Energiepolitik in ihren Grundzügen konzipiert?
4. Welche Rolle spielen geoökonomische Überlegungen in der amerikanischen Grand Strategy?
5. Wie lässt sich die Region des Broader Middle East charakterisieren und welche Bedeutung hat die Region für das globale ökonomische Gefüge?
6. Welches sind die Zusammenhänge zwischen der Weltmarktentwicklung von Öl und Gas und dem amerikanischen Bedarf?
7. Welche Rolle spielen Öl und Gas am Weltenergiemarkt und welche strategischen Überlegungen lassen sich daraus ableiten?
8. Wie ist der Öl- und Gasbedarf der USA gestaltet und welche Entwicklungsoptionen ergeben sich (Aufzeigen möglicher Abhängigkeiten und vordergründiger Abhängigkeiten)?
9. Wie ist der amerikanische Gestaltungsansatz zu beurteilen und welche Hintergründe sind dafür feststellbar?
10. Wie waren die nationalen Interessen der USA im Zuge des Irakkriegs betroffen und wie sieht die dahinter liegende Agenda aus?
11. Inwieweit lässt sich ableiten, ob geoökonomische Überlegungen das primäre Handlungsmotiv für die Intervention 2003 waren?

Ziel ist der Nachweis, dass Geoökonomie im Allgemeinen und die Sicherung des Ressourcenzuganges ein langfristiger, daher typisch strategischer Grund für Interventionen ist. Ressourcensicherung ist somit ein ‚root cause' und kein typischer ‚surface cause', und hat damit spezifische strategische Implikationen. Methodisch beruht die Arbeit auf einer umfassenden Analyse der deutsch- und englischsprachigen Literatur zu grundlegenden geoökonomischen Fragestellungen und zu Ressourcen, insb. zu Gas und Öl entlang der Forschungsfragen. Dazu wird Datenmaterial des *World Energy Council* und des *Report of the National Energy Policy Development Group* analysiert, welches bei Bedarf um weiteres Zahlen- und Datenmaterial aus internationalen und nationalen amerikanischen Quellen ergänzt wird. Wesentlich ist, dass in der Arbeit **ausschließlich auf die amerikanische Sichtweise** eingegangen wird. Daraus können sich sowohl perspektivische als auch begriffliche Differenzen ergeben.

Die Arbeit ist folgendermaßen aufgebaut:

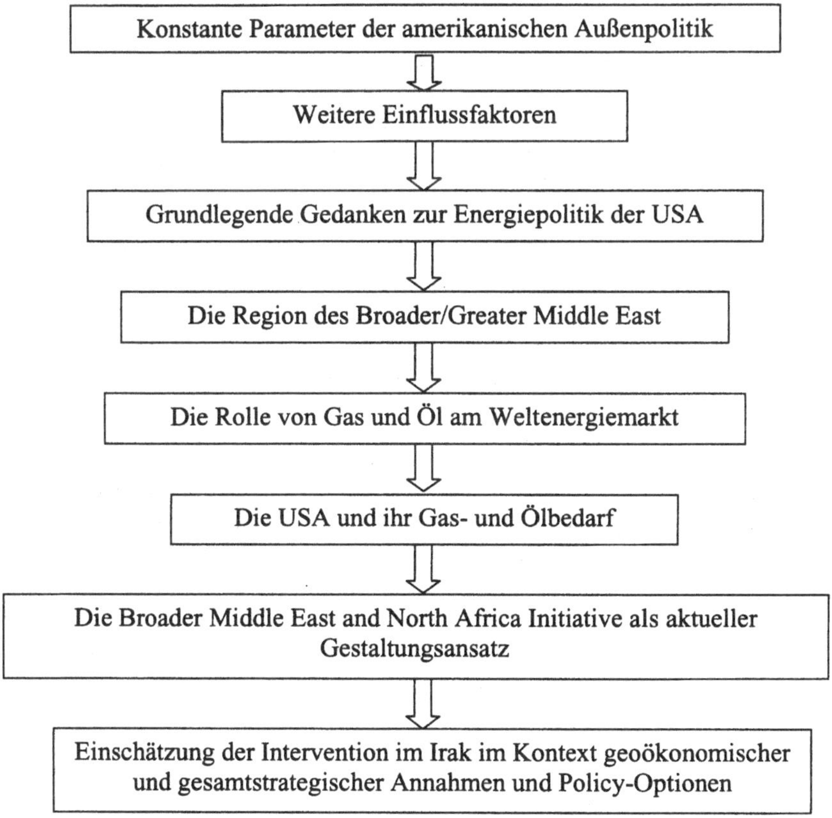

Abb. 1: Struktur der Arbeit

2. Parameter und Einflussfaktoren für die amerikanische Außenpolitik[13]

2.1. Konstante Parameter der amerikanischen Außenpolitik

„The United States has been groping to orient itself in this new world, first after 11/9, the fall of the Berlin Wall, and then after 9/11, the coordinated terrorist attacks on the World Trade Center and the Pentagon that told Americans we could no longer be safe within our own borders. The Clinton and George W. Bush administrations agreed on the importance of democracy promotion, through their respective strategies of enlarging the democratic community (Clinton) and of ending tyranny wherever and whenever possible (Bush). But promoting democracy is a complicated task; moreover, it does not translate clearly or readily into a specific plan for confronting the roster of threats and challenges listed above.[14]"

Die Meinungen, wie sich die amerikanische Außenpolitik im 21. Jahrhundert entwickeln soll und welche strategischen Kerninhalte Treiber für eine Policy-Entwicklung sind, differieren sowohl innerhalb der Academic Community als auch in der Community politischer Entscheidungsträger.[15] Dies ist also nicht unbedingt ein typisch europäisches Phänomen. Dieses Phänomen gab es bereits vor dem Krieg gegen den Irak und wird auch unter einer neuen Präsidentschaft die außenpolitische Liniengebung charakterisieren.

So geht das Pentagon von einem Wechsel des Kalten Krieges in einen Langen Krieg (‚Long War') aus. Das Weiße Haus spricht von einem Krieg gegen den globalen Terrorismus (‚Global War on Terrorism'), ohne legistisch einen Krieg zu meinen, sondern mittels einer Metanarrative den Aktionsradius zu erweitern. Die Wirtschaft spricht von einem Asiatischen Jahrhundert (‚Asian Century'), einer Phase, in der China und Indien massiv an Einfluss gewinnen. Das Außenministerium ist wohl auch aufgrund der aktuellen personellen Besetzung stark auf der Linie des Weißen Hauses. Außenpolitische Berater und Strategen plädieren für ein so genanntes ‚off shore balancing', d.h. für eine Reduktion der amerikanischen Überseeengagements, weil die amerikanische Überpräsenz mehr Schaden anrichtet als sie Positives bewirkt. Zu guter Letzt vertritt ein nicht unbeträchtlicher Teil der amerikanischen Bevölkerung den Wunsch, sich von der Globalisierung völlig abzukoppeln und Problemen wie der Migration, ökonomischer Abhängigkeiten und einer weiteren Überfremdung aus dem Weg zu gehen.

Darüber hinaus verkompliziert ein immer wieder an den Tag gelegtes Hineinfallen in eine Sicherheitsfalle der USA die Situation. Die periodische Anwendung der militärischen Macht, die Skepsis gegenüber multilateralen Institutionen und die unilateralen Versuche, die Innenpolitik anderer Staaten zu verändern, haben immer wieder zu Rückschlägen und zu einem ausgeprägten Antiamerikanismus geführt. Damit wurde die Motivation, mit den USA zu kooperieren, minimiert. Dieses Faktum untergrub die Hard Power-Bemühungen (‚power to coerce') und zerstörte Soft Power-Ambitionen (‚power to attract'). So ergab sich ein Teufelkreis: Die USA fühlten sich mehr und mehr allein und alleine gelassen, die Bedrohungswahrnehmung stieg. Gleich wie positiv man einen strategischen Vorstoß positionierte – er enthielt oft bereits den Samen für seinen eigenen Untergang.

Konstante Parameter bilden für die amerikanische Außenpolitik das ‚ideational framework'.

Der vorliegende Abschnitt geht von folgenden Fragen aus:

1. Welches sind die konstanten Parameter der amerikanischen Außenpolitik, d. h. welcher historische und legistische Rahmen ist für strategische Entscheidungen relevant (‚ideational framework')?
2. Welche Ableitungen lassen aus diesem Rahmen sich für strategische und geopolitische Ambitionen der USA treffen?
3. Welche geoökonomischen Begründungen können gezogen werden?

Ziel ist es, aus der Analyse der Konstanten mögliche Erklärungen für die Intervention im Irak abzuleiten.

2.1.1. Grundlegung

„Although U.S. political and military leaders want to ensure the interest and security of the state, which has also meant promoting trade and foreign investment, there is also a peculiarly American cast of mind that has linked this quest for absolute security to American exceptionalism. In essence, this was the belief that America was a great experiment, fraught with risk but animated with conviction – as John Winthrop, ... , famously described it in 1630 aboard a ship off the New England coast – that America should be "as a citty upon a hill, the eyes of all people upon us, and if we should fail to make this citty a beacon of hope and decency, and deal falsely, with our God," we should be cursed.[16]"

Es gab kaum eine Phase wie die Zeit nach dem 11. September 2001, in der aufgrund der mangelnden Kenntnis jener Faktoren, die Amerika als Gesellschaft und als politischen Akteur ausmachen, das ‚American Political System' derart heftig diskutiert wurde. Die Regierung von *George W. Bush* wurde zum Symbol für dieses Unverständnis. Würde man die dauerhaften Parameter dieses Systems besser gekannt haben, so wäre man in vielen Fällen auch weniger vom amerikanischen Handeln überrascht und vor den Kopf gestoßen gewesen.

Der vorliegende Abschnitt geht diesem System und seinen dauerhaften Parametern nach. Dass das Verständnis jener Parameter, die Amerika ausmachen, auch für die europäische Politik wesentlich ist, wird als geltend angenommen. Amerika ist das Produkt einer vielschichtigen Evolution. In der Eigenperzeption sah es sich als New Heaven, New Earth, The Promised Land, The Holy Experiment, The New Israel, The Citty Upon a Hill, Earth's Paradise, Esperanza, als Erlösernation und visionäre Republik. Rahmenparameter wie etwa die Geographie, die englische Besiedelung, die ‚Frontier' (die formale Landnahme des britischen

Gebietes westlich der Appalachen; ins diesem Zusammenhang entstand Frederick *Jackson Turners* Frontier-These),[17] Werte, die in der protestantischen Ethik ihre Wurzeln haben, wirtschaftliche Dominanz etc. ergeben ein Netzwerk an Determinanten, welche die Religion als Teil der Politik sieht, das Sendungsbewusstsein (Providence) und Auserwähltheit (Exceptionalism)[18] gekoppelt mit dem Glauben an universelle Werte, eine gewisse isolationistische Grundhaltung, die gleichzeitig aus nationalen Interessen auch den Open Door Ansatz umfasst und somit Unilateralismus und Multilateralismus als pragmatische Instrumente der Politik sieht.[19]

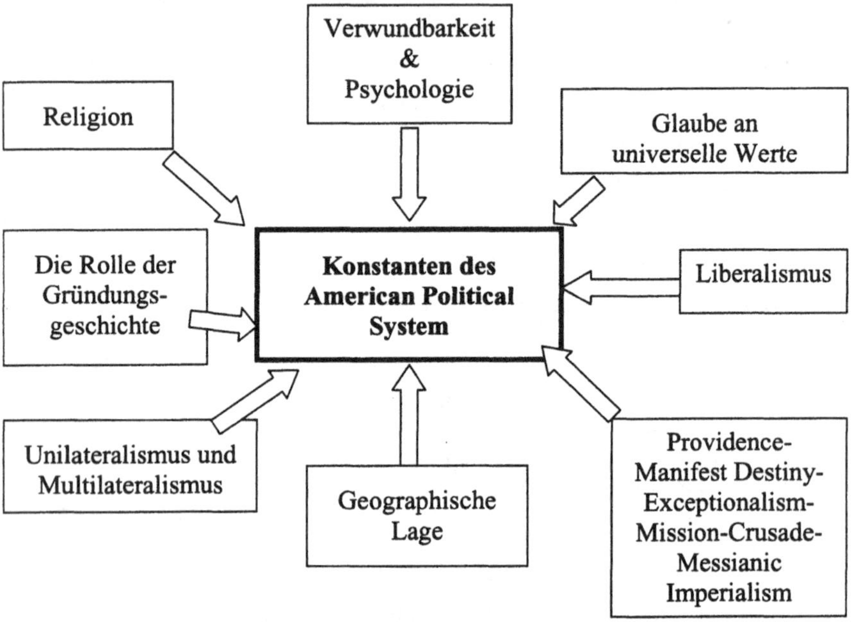

Abb. 2: Konstante Parameter des American Political System

Wesentlich für das Verständnis der nachfolgenden Analyse ist, dass sich das Amerika der Gründerväter sehr wohl in seinen konkreten Ausformungen vom Amerika des 21. Jahrhunderts unterscheidet – und dennoch gibt es eine Reihe von Rückbezüglichkeiten, die das Amerika von heute noch verständlicher machen, wenn man auf die dauerhaften Parameter und die daraus sich generierenden Strukturen eingeht und sie versteht.[20]

Die Ausarbeitung dieser dauerhaften Parameter folgt keiner Priorisierung. Vielmehr geht ist in der Darstellung darum, die Querverbindungen herauslesbar zu machen und das Verständnis für das Handeln der USA im Mehrfachkontext zu erleichtern.

2.1.2. Die Rolle der Gründungsgeschichte[21]

„That all men are created equal; that they are endowed by their Creator with certain unalienable rights; that among these are life, liberty, and the pursuit of happiness; that, to secure these rights, governments are instituted among men, deriving their just powers from the consent of the governed; that whenever any form of government becomes destructive of these ends, it is the right of the people to alter or to abolish it, and to institute new government, laying its foundation on such principles, and organizing its powers in such form, as to them shall seem most likely to effect their safety and happiness.[22]"

Die Gründungsgeschichte der USA, die stark emotionalisiert und sich bewusst von Europa abhebend ist, ist der Beginn in den USA schlechthin. Dies zeigt sich auch in der Unabhängigkeitserklärung, die auch eine Abrechnung mit dem englischen König ist und eine bewusste Loslösung von Großbritannien markiert.[23]

Die Weite des Landes bot neue, von Europa losgelöste Möglichkeiten. Man konnte ein ideales Staatskonstrukt aufbauen – die neue Stadt auf dem Hügel, ein neues Israel etc. Die Reinheit der Ideale war für die Gründungsphase entscheidend. Die Gründungsprinzipien, sind der Maßstab für gesellschaftliches und politisches Handeln schlechthin. Dies gilt für das Individuum ebenso wie für die Gemeinschaft.

Die Versprechungen der Gründungsväter sind auch heute äußerst präsent und lebendig im aktuellen Gedankengut. Dies äußert sich beispielsweise darin, dass kaum eine der großen Präsidentenreden ohne Bezug zu den Gründungsvätern ist. So ist die Gründungsgeschichte, welche bei weitem in der Außenwahrnehmung so glorios ist, die Basis für die Eigenwahrnehmung und die Fremdwahrnehmung der USA.

Die Widersprüchlichkeit in der Außenwahrnehmung (z.B. durch Europa) ergibt sich, als man einerseits versucht, den Versprechen gerecht zu werden und gleichzeitig alles unternimmt, um über sie hinauszuwachsen.

Die Immigration, die Durchmischung von Völkern, Prinzipien und Ideen zum typisch amerikanischen ‚way of life' ist ein ganz wesentlicher Faktor für die Erfolgsgeschichte – jedenfalls in der Eigenperzeption.

Gleichzeitig sind die USA wie kaum ein anderer Staat in der Bestätigung des selbst gefertigten Bildes von der Meinung von außen abhängig. Daher buhlt man regelrecht um positiv-zustimmende Kommentare von außen. Die vielfache Idealisierung, die Verfechtung von ‚höher-schneller-weiter', das gesellschaftlich empfohlene Wettbewerbssystem, die Leistungsförderung (vor allem durch die protestantische Ethik stark mitgefördert) und eine starke innere Dissenzkultur mit einer breiten Kritikfähigkeit bilden wesentliche Facetten des amerikanischen Selbstverständnisses und basieren auf der Gründungsgeschichte. Die Ideale dieser eigenen Geschichte sind richtungweisend und werden als universell beispielgebend bewertet. Gerade diese Idealisierung bietet jedoch eine der großen Angriffsflächen.

So ist die Gründungsgeschichte gleichzeitig Segen im Sinne eines ideellen Rahmens und Fluch, als man über den Rahmen versucht, hinauszusteigen und sich damit immer wieder selbst fesselt.

2.1.3. Religion als Teil der Politik

„Die Religion ist bis heute ein zentrales, wenn nicht das zentrale Element der amerikanischen Identität. Schon bei der Gründung Amerikas spielten religiöse Gründe eine große Rolle, und religiöse Bewegungen haben die Entwicklung der USA fast vier Jahrhunderte lang geprägt.[24]"

Religion war immer eine treibende Kraft in der amerikanischen Politik, der Identität und der Kultur. Bereits in der Unabhängigkeitserklärung findet sich ein klarer Naturrechtsbezug, der einen Gottes- und damit Religionsbezug impliziert: *„We hold these truths to be self-evident, that all men are created equal, that they are endowed by their Creator with certain unalienable Rights, that among these are Life, Liberty and the pursuit of Happiness.*[25]"

Die Religion prägt den Charakter der Nation, unterstützt die Generierung von Ideen und Vorstellung, wie die Welt auszusehen hätte und beeinflusst die Art und Weise, wie die USA auf Probleme jenseits ihrer Grenzen reagieren. Religion hat einen derartigen Stellenwert, dass sie in einen Mix gesellschaftlich relevanter Fakten einfließt.[26]

Zunächst prägten religiösen Fundamentalisten bis um 1740 die Kolonien.[27] Besonders Puritaner, denen Europa nicht gottesfürchtig genug war, versuchten, ihren Traum eines ‚besseren Englands, eines neuen Jerusalems‘ auf dem Boden Amerikas zu verwirklichen. Amerika sollte das leuchtende Vorbild für den alten Kontinent werden. Bei den Nachfolgegenerationen der ersten Siedler begann der Zulauf für solche Ideen nachzulassen.

Was blieb, ist ein Erbe, das sich in einem starken Glauben an sich selbst und an Gott manifestiert. Die Religion ist patriotisch und ein Mittel der Politik. Politiker zitieren in ihren Reden und Publikationen Gott. Religion gilt als Teil der politischen Kultur Amerikas, wird als ‚normal‘ betrachtet und daher auch nicht hinterfragt oder gar kritisiert.[28] Religion gilt als Grundlage für das Selbstverständnis, denn man weiß gottgewollt, was Sieg und Frieden bedeuten. Man sieht sich als eine Nation von Gottes Gnaden und die Frage der Freiheit gilt als heilige Frage.[29]

Vertrauen in Gott seitens eines politischen Führers führt zu Vertrauen des Volkes in den Führer. Dies konnte man bereits bei Washington (‚God's Providence' als politisches Programm)[30] beobachten und findet sich in aktuellen Beispielen, wenngleich es auch ‚Ausreißer' gibt und die nach außen gezeigte Fassade nicht immer mit den inneren Werten übereinstimmt. Nicht nur *Bill Clinton* ist dazu zuzählen, sondern bereits *Thomas Jefferson* und auch *John F. Kennedy*.

Unzweifelhaft bleibt jedoch die Religion ein wesentlicher Teil des amerikanischen politischen Systems. Religion ist somit eine normative Dimension in der amerikanischen Identität. Sie ist einerseits Ausdruck des amerikanischen Nationalismus, und andererseits Teil einer politisch-theologischen und globalen Ambition.[31]

Die Religion wird in den USA sehr oft als Basis für einen gewissen Moralismus herangezogen. Die Auserwähltheit, der Kampf für den Fortschritt etc. wird religiös-moralisch verbrämt. Der Moralismus gilt als wesentlicher Bestandteil der amerikanischen Außenpolitik. Gleichzeitig wird er zu Unterstützung von Kriegsplänen ebenso herangezogen wie um gegen Kriege zu argumentieren. Die Manichäische Denkweise überlagert diesen stark und führt zum oft kritisierten ‚Schwarz-Weiß-Denken'. Daraus resultieren immer wieder politische Fehlkalkulationen (wie sowohl Vietnam als auch der Irak belegen).

Die Bedeutung und der Einfluss von unterschiedlichen religiösen Strömungen verändern sich im Laufe der Zeit.[32] Dies ist sehr oft ein Generationenprojekt. Besonders in der vergangenen Generation kam es zu einem Bedeutungsaufschwung der konservativen Zweige des amerikanischen Protestantismus. Die liberalen Kreise, welche die Mittelperiode des 20. Jahrhunderts dominierte, verlor an Boden.

Es lassen sich drei große religiöse Strömungen ausmachen:

1. Fundamentalisten (*fundamentalists*)
2. Liberale Christen (*liberal Christians*)
3. Evangelikale (*evangelicals*)

Alle drei haben ihren Ursprung im Amerikanischen Protestantismus, der seine Wurzeln in den reformatorischen Bewegungen des 16. Jahrhunderts in England und Schottland hat. Alle Strömungen wurden maßgeblich durch die fundamentalistisch-modernistische Kontroverse zu Beginn des 20. Jahrhunderts über die Rolle der Wissenschaft und ihr Zusammenhang zur Religion und zur Schöpfungsgeschichte beeinflusst.[33]

Die drei religiösen Strömungen führen zum Teil sehr unterschiedlichen Grundsatzpositionen zum Thema „Wie soll sich Amerika in der Welt positionieren?". Aktion bzw. Nichtaktion haben sehr oft ihre Wurzeln in der Grundhaltung zur Welt, d.h. im Optimismus oder Pessimismus der Weltsicht.

Vereinfacht ausgedrückt, sehen sich Fundamentalisten als Pessimisten (um kommen damit dem Realismus durchaus nahe); Liberale haben eine optimistische Grundhalten und Evangelikale stehen für eine Mischung aus beiden.

Fundamentalisten haben – bei aller inneren Aufspaltung in Subzweige – eine negative Grundhaltung zu internationalen Institutionen und zur säkularen Moral. Das Jüngste Gericht und die Apokalypse sind starke Symbole in der fundamentalistischen Gedankenwelt. Ähnliches gilt für das Ablegen von Rechenschaft vor einem Bewusstseinskonzept, das als Gott bezeichnet wird.

Liberale stehen für eine Entmythologisierung der Religion und für eine Vereinfachung religiöser Konzepte. Sie basieren viele ihrer Ideen auf den klassischen Protestantismus und gehen davon aus, dass die von ihnen vertretenen ethischen Standards für alle auf der Welt gleich sind. Jede Religion hat einen ethischen Kern – und der ist allen Religionen ähnlich oder gleich. Die liberale Strömung dominierte die amerikanische Politik während des Zweiten Weltkrieges und des Kalten Krieges. Nach dem Kalten Krieg hat diese Gruppe an Bedeutung verloren, wohl auch weil es zu einer Art ‚Entreligiösisierung' kam und die Strömung sich an mehreren Themen innerlich aufrieb.

Evangelikale bilden die Brücke zwischen Fundamentalisten und Liberalen. Wenngleich diese Gruppe durch heterogen ist, gibt es eine gemeinsame Basis, die Lehren von *Jacobus Arminius*[34] und von *John Wesley*[35]. Ferner beeinflusste die ‚Great Awakening-Bewegung' des 18. Jahrhundert diese Gruppierung. In manchen Punkten ähneln die Evangelikalen den Fundamentalisten, was ob ihrer Brückenfunktion nicht verwunderlich ist. Hinsichtlich des moralischen Fortschritts sind sie jedoch eher den Liberalen zuzuordnen.

Die Evangelikalen konnten in den vergangenen 20 Jahren einen großen Zulauf verzeichnen. So machte 2004 bei der Präsidentenwahl jener Anteil an Wählern, die sich selbst als Evangelikale bezeichnen, etwa 40% aus.

Der Einfluss der Evangelikalen auf die amerikanische Außen- und Sicherheitspolitik ist vielfältig. Zwei Bereiche stechen besonders hervor: Die Menschenrechtspolitik und die Unterstützung Israels. Die humanitäre Hilfe wurde durch ihren Einfluss drastisch erweitert; man setzt sich mehr für Menschenrechte ein; der Einfluss für Israel stieg ebenfalls signifikant an.

Dabei führen die Evangelikalen die USA nicht auf einen völlig neuen Weg; vielmehr kam es zu einer signifikanten Nuancierung in den Prioritäten und Präferenzen. Menschenrechte und militärische Aktivitäten sind gleichzeitig möglich. Religionsfreiheit wurde zu einem prioritären Konzept, das allumfassend forciert wird. Hinsichtlich Israels gehen die Evangelikalen von der einzigartigen Rolle des jüdischen Volkes in der modernen Welt aus. Dies rechtfertigt eine einzigartige Unterstützung.

So wird festgehalten, dass der Einfluss von Religion auf die amerikanische Außenpolitik einen gänzlich anderen Stellenwert als beispielsweise in Europa hat. Selbst im aufgeklärten Europa kam es jedoch bei allem Laizismus und Säkularismus nicht zu einem völligen Aussparen von christlichen Ideen aus der Politik. Dies meint, dass es nicht zu einer Entchristianisierung in Europa kam, sondern vielmehr zu einem Zurückdrängen der Religion per se aus der politischen Entscheidungsfindung. In diesem Punkt unterscheiden sich die USA und viele europäische Staaten in ihrer politischen Konzeption, ihrer Eigenwahrnehmung und in ihrer politischen Entscheidungsfindung.

2.1.4. Universelle Werte: „What is good for America is good for the rest of the World"

Der Glaube an universelle Werte und das Recht des Einzelnen auf die Einhaltung derselben gilt als weiterer konstanter Parameter in der amerikanischen Außenpolitik. Diese Werte lassen sich auf das spätere 18. Jahrhundert zurückverfolgen, als setzte die Phase der Dominanz einer liberal-aufgeklärten Elite einsetzte. Sie wurde durch eine Loslösung von England und die beginnenden Ideen der Aufklärung geprägt und äußern sich beispielsweise in folgender Passage der Unabhängigkeitserklärung: „*that all men are created equal, that they are endowed by their Creator with certain unalienable Rights, that among these are Life, Liberty and the pursuit of Happiness.*[36]"

Eigentum und Freiheit werden zu einem Synonym. Diese Eliten drängten auf die Schaffung einer Regierung und Gesellschaft unter einer Verfassung ohne Monarchen. Sie forderten ein ‚Civil Government', die ‚New Freedom', eine liberale Republik mit einer demokratischen Regierung. *Thomas Jefferson* verankerte in der Unabhängigkeitserklärung das Naturrecht und stellte die Gleichheit aller Menschen in den Mittelpunkt. Jedes Individuum hat unveräußerliche Rechte, zu denen das Recht auf Leben, Freiheit und das Streben nach Glück gehören. Ferner sollten die ‚freien und unabhängigen Staaten Amerikas' von jeglicher Treuepflicht gegen die britische Krone entbunden werden.[37]

Thomas Jefferson und andere verankerten in der Unabhängigkeitserklärung das Naturrecht und stellten die Gleichheit aller Menschen in den Mittelpunkt. Diese universellen bilden den Kern des amerikanischen Credo (*S. Huntington*) und des amerikanischen Selbstverständnisses. Sie sind letztlich nicht verhandelbar aus der Sicht der USA.[38] Diese Werte beeinflussen die amerikanische Außenpolitik nachhaltig. Sie führten dazu, dass die USA als Beispiel für soziale und politische Möglichkeiten ebenso gesehen wurden (‚exceptionalism'), wie der Eindruck entstand, dass die USA die Welt verändern wollen, um sie sich selbst ähnlich zu machen (‚universalism').[39]

Das Hervorkehren des Exeptionalismus, die Eigenwahrnehmung, den anderen überlegen zu sein, führt dazu, dass die USA die Pflicht und Verantwortung haben, als Beispiel für den Rest der Welt voranzugehen.[40] Alle Menschen haben das Recht, in den Genuss des amerikanischen Wohlwollens und des Wohlstandes zu gelangen – gleich ob sie dies wünschen oder nicht. Aus dieser Eigenwahrnehmung resultieren auch das Befreierimage und die Annahme, immer als Retter empfangen zu werden.

2.1.5. Providence - Manifest Destiny – Exceptionalism – Mission – Crusade -Messianic Imperialism

Diese Schlagworte bilden Amalgam an Facetten, die ebenfalls aus der amerikanischen Geschichte herleitbar sind. Die einzelnen Elemente hängen miteinander zusammen und formen so einen wesentlich Teil des amerikanischen Selbstverständnisses und des Amerika-Bildes. Dieses umfasst folgende Elemente:

- Das Sendungsbewusstsein (‚Mission-Crusade-Frontier')[41] ist sowohl der Gründergeneration als auch den Vertretern der Aufklärung und der liberalen Ideen gemeinsam. Gleiches gilt für die Anerkennung der neuen ‚Staatsdoktrin', nämlich das Streben nach Glück (‚pursuit of happiness'). Es steht auch als Synonym für den ‚amerikanischen Traum'. Nachdem man die ‚Frontier' zu Hause beschlossen hatte, konnte man sich dem außen zuwenden. Diese Art der ‚Frontier' war in den Ursprüngen ökonomisch induziert (Erschließung und Sicherung von Absatzmärkten). Sie erstreckte sich auf Lateinamerika und den Pazifikraum.

- Messianismus ist Teil der ‚Staatsdoktrin'. Amerika wurde als das perfekte Modell für die gesamte Menschheit gesehen.[42] Daraus entstand ein ‚Messianic Imperialism', der nicht immer auf Zustimmung von außen stieß.[43] Dies ist insofern bemerkenswert, als die amerikanische Geschichte auch stark von antikolonialen und antiimperialen Traditionen stark geprägt ist. Sie ergaben sich aus dem Unabhängigkeitsstreben der ehemaligen britischen Kolonien. Dieses Freiheitsstreben wurde erstmals in der Unabhängigkeitserklärung von 1776 festgeschrieben. Gleichzeitig sind die USA eine expandierende Gesellschaft. Damit ist auch erklärbar, warum die USA einen selbstzentrierten Ansatz wählen, sich als das *center of the universe* sehen, ... „*being the exclusive holder of the only civilized values and standards that matter, and having nothing to learn from the rest of the world. ... American statecraft is not, in the first instance, about "them"; it is about "us", ...*[44]"

- Der Glaube an die eigene Auserwähltheit bzw. der American Exceptionalism wurde als Konzept von *Alexis de Tocqueville* geprägt. Die USA unterscheiden sich in ihrer umfassenden Qualität von anderen Staaten aufgrund der einzigartigen Ursprünge, Wurzeln, dem nationalen Credo, der historischen Entwicklung und der unterschiedlichen politischen und religiösen Institutionen. *Hassner* hält zur Auserwähltheit der USA folgendes sehr kritisch fest: „*Exceptionalism carries with it a tendency to consider that the United States is empowered, because of the purity of its intentions and the excellence of its regime, to judge between good and evil, to award others good or bad points, to punish the wicked and troublemakers, not to recognize any superior legal authority above that which comes from the American people themselves, and to consider any external inclination to cast doubt on American intentions or to apply to it the criteria that it applies to others as an insult.*[45]" Die USA und die Amerikaner haben einen besonderen Platz in dieser Welt, der sich auch aus der Binnenstruktur und den daraus ableitbaren Möglichkeiten erklären lässt. Daraus wird eine moralische Überlegenheit abgeleitet, die auch mit ‚Providence' begründet wird. Auch der republikanische Rahmen mit seinen strikten ‚checks and balances' wird als Begründung herangezogen. Da es keine Nobilität gibt, steht die protestantische Arbeitsethik im Vordergrund. Der Exeptionalismus äußerst sich auch darin, dass man aus der selbst wahrgenommenen Einzigartigkeit eine gewisse Überlegenheit ableitet. Diese Überlegenheit befugt beispielsweise dazu, sich außerhalb bestimmter Rechtsnormen zu stellen, Institutionen abzulehnen, die eigenen Werte als die ‚einzig richtigen' Werte hinzustellen (‚what is good for America is good for the rest of the world') und sich im Agieren in der internationalen Ordnung weder zu rechtfertigen noch in Frage stellen zu lassen.

- Die Vorsehung (‚Providence'*)* – ein untrennbarer Bestandteil von Kalvins religiösem Programm - spielt eine bedeutende Rolle. Im Kalvinismus, dem gedanklichen Ausgangspunkt, wird angenommen, dass Gott eine umfassende Souveränität über den Menschen hat. Gott hat einen Plan für die Welt und jeder Mensch ist durch ihn geführt. Auch dem Kalvinismus verwandte Religionen wie der Baptismus und der Presbyterianismus hängen der Vorsehungsthese an. Ähnliche Gedanken finden sich auch im Judentum und der jüdischen Philosophie.
- *John O'Sullivan*[46] prägte den Begriff der *Manifest Destiny* (d. i. das göttliche Recht, Nordamerika zu besetzen; der Begriff wurde von Demokraten während der Präsidentschaft von Jackson eingeführt), der erstmals im Zusammenhang mit der Annexion von Texas 1845 verwendet wurde. Er umschrieb damit eine Vision eines Amerikas vom Atlantik bis zum Pazifik. Amerika musste geeint werden, da es ein organisches Ganzes ist. Daher sind die Grenzen der Freiheit auszudehnen. Die ‚Manifest Destiny' stand in engstem Zusammenhang mit der Frontier und der Eroberung Texas', Mexikos und anderer lateinamerikanischer Gebiete. Rational gegründet wurde die ‚Manifest Destiny' mit handfesten wirtschaftlichen Problemen (Depression 1818 und 1839), der wachsenden Einwanderung und den damit einhergehenden Platzmangel, dem Besitz von Land, welcher mit Reichtum gleichgestellt wurde und dem Drang, sich selbst zu entwickeln.

Diese Konzepte führten im 19. Jahrhundert zu eigenen Denkschulen über die Rolle Amerikas in der Welt, wobei diese Rolle oft expansionistisch oder isolationistisch (‚Fortress America' und ‚Battleship America'), nativistisch oder universalistisch gesehen wurde. Auch hier kommt der Überlegenheitsaspekt hervor. Ähnlich lässt sich erklären, warum die USA annehmen, dass alles, was für sie gut ist, auch für den Rest der Welt gut sein muss (wohl auch aufgrund der Eigenwahrnehmung einer rassischen Überlegenheit und der göttlichen Prädestination).

Zur Verbreitung des ‚amerikanischen Traums' wurde die teilweise gewaltsame Ausweitung des Territoriums als gerechtfertigt gesehen. Ebenso dominierten ab dem Bürgerkrieg Wirtschaftsinteressen das sich nun entwickelnde nationale Interesse. Ein liberaler Imperialismus bzw. Imperialismus des Idealismus zeichnete immer wieder bestimmte Phasen amerikanischer Politik aus und ist im tiefen Glauben an universalistische Werte (z. B. Demokratie, Freiheit, Eigentum) verwurzelt; diese Werte sind – so die amerikanische Sichtweise – für die gesamte Welt positiv und werden daher mit missionarischer Überzeugung durch die Politik - notfalls auch ohne Verbündete (‚new unilateralism') - durchgesetzt.[47] Das Bild der USA als Befreier, die Schwarz-Weiß-Malerei in der Ansicht – beides ist Teil der amerikanischen Eigen- und Fremdwahrnehmung.[48] Diese Ideen sind teilweise ahistorische supranationale Prinzipien, die immer und überall Gültigkeit besitzen.[49] Daraus resultieren ein gewisser ‚ideologischer Nationalismus' und ein neuer Universalismus. Dabei wurden der ‚New Humanism' oder ‚American Humanism'[50] zu Beginn des 20. Jahrhunderts als Basis herangezogen, um zu einer ‚Nation von humanitären Kreuzzüglern zu werden'.[51] Das Demokratieverständnis und das Ansinnen, Demokratie zu verteidigen, fallweise aber auch mit Mitteln der Gewalt zu verbreiten (aus europäischer Sicht ein Widerspruch in sich!), fanden seit *Wilson* Platz in der Politik aller U.S.-Präsidenten bis *Bush*.[52]

Das absolute Sicherheitsstreben war mit der Annahme einer moralischen Überlegenheit untrennbar verbunden. Auf dieser religiösen Basis gründen heute Liberale, aber auch viele Mitglieder der christlichen Rechten die Auffassung, dass die USA eine besondere Mission hätte.

Die ‚Evangelical Christians' haben vereinfachte, biblische und historische Annahmen; ihr Einfluss auf die nationale Politik und Kultur war lange Zeit eher gering. Unter George W. Bush konnte diese Gruppe gemeinsam mit anderen Bible Belt Gruppen starken Einfluss auf die Politik und die gesellschaftliche Gestaltung (z.B. Nachbesetzung des Supreme Court, welche langfristige Folgen für die amerikanische Gesellschaftspolitik hat) gewinnen. In der gegenwärtigen Konstellation unterstützen sie zusätzlich die Ideen von der Auserwähltheit Amerikas.[53]

In diesem Bereich finden sich Einflüsse der Puritaner (‚shining city on a hill'), der Cavaliers/Männer des Königs (Katholiken und Neo-Unternehmer, die während des englischen Bürgerkriegs ihren Grundbesitz verloren), der Quäker (ausgehend von *William Penn*; alle Menschen haben ein ‚inneres Licht'; dies ist eine Erklärung für die grundsätzlich sehr offene amerikanische Haltung) und der Schotten bzw. Iren (sie verließen Großbritannien, da sie dort keinen Platz fanden und sich mit England, der anglikanischen Kirche und dem Parlament überwarfen).

So ist dieses Amalgam eine über Jahrhunderte entstandene Grundlage für außenpolitische Konzeptionen und vor allem Entscheidungen, die sich auch heute noch eindrucksvoll im amerikanischen Denken nachvollziehen lassen.

2.1.6. Unilateralismus bei gleichzeitigem Multilateralismus

„The crusade aspect of US foreign policy links to its isolationist traditions, in which nothing short of a life-or-death issue can mobilise sustained support

against the general indifference of the American polity towards overseas engagements. Isolationism and unilateralism are not the same, but they are linked.[54]"

Der amerikanische Isolationismus geht bereits auf die Gründungsväter zurück.[55] Der gedankliche Ausgangspunkt findet sich in den ‚Federalist Papers',[56] in *George Washingtons* ‚Farwell Address',[57] als er aufgrund der damaligen internationalen Situation seinen Landsleuten empfahl, Amerika nicht zum Spielball zwischen Frankreich und England (Kriegsausbruch 1793) werden zu lassen. Washington meinte, man solle sich von Europa fernhalten, auf Allianzen nur für Notfälle vertrauen und ansonsten besser alleine agieren bzw. sich neutral verhalten (‚avoiding foreign entanglement'). Damit handelt es sich um eine Spielform des Isolationismus, der sehr stark im selbstzentrierten Nichtengagement gründet.

Ein Notfall war die Allianz mit Frankreich (1778). Wahrscheinlich hätte man nicht so rasch die Unabhängigkeit Amerikas erreicht. Bereits 1800 traten die USA wieder aus dem Vertrag aus. Die Allianz wurde, so der damalige Außenminister Jefferson, als natürlich und zweckmäßig angesehen. Beide Staaten haben sich von ihren Königen losgesagt und wurden Republiken. Beide Staaten hatten eine freie und kritische Presse. Frankreich half Amerika in der Schlacht von Saratoga (1777) und es waren die Franzosen, die Yorktown ermöglichten. Washington hingegen war anderer Meinung. Er sah große Unterschiede zwischen der Französischen Revolution und der Amerikanischen Revolution. Vor allem aber erkannte Washington, dass Amerika als Spielball zwischen Frankreich und England (Kriegsausbruch 1793) diente. In seiner ‚Proclamation of Neutrality' ermutigte er die Amerikaner, mit beiden Seiten Handel zu treiben, aber sich mit keiner Seite zu verbünden.[58]

Bis zur Gründung der NATO (1949) schloss man sich keiner Allianz an. Die NATO wurde laut *Lord Ismay* unter folgendem Motto gegründet: „*... to keep the Russians out, the Americans in, and the Germans down.*"

Gleichzeitig waren die ‚Open Doors und Freedom of the Seas-Forderungen' Fixbestandteile der amerikanischen Politik vom ausgehenden 18. Jahrhundert bis weit ins 20. Jahrhundert hinein.[59] Historiker wie *Charles A. Beard* (1874-1948) und *William Appleman Williams* (1921-1990) haben mit ihren Arbeiten einen wesentlichen Beitrag zur Definition von *Open Door* (‚Open Door Imperialism', ‚informal empire' und ‚the Imperialism of Idealism' waren Begriffe, die William prägte) und zur Weiterentwicklung des Konzepts geleistet. Williams meinte, dass die ‚Open Door-Politik' die ‚Frontier' legitimierte – alles im Namen der Selbstbestimmung, des Fortschritts und des Friedens (‚the War for the American Frontier').

Wirtschaftliche Interessen gelten als Schlüsselfaktor bei der Definition nationaler Interessen der USA. Ein robustes und dauerhaftes Wirtschaftswachstum ist ein zwingendes und unbedingtes Ziel. Die ‚Open Doors Politik' legitimierte eine nahezu grenzenlose amerikanische Expansion im Namen der Selbstbestimmung, des Fortschritts und des Friedens. Anfänglich standen wirtschaftliche Überlegungen im Mittelpunkt – daher auch die Förderung der wirtschaftlichen Einigung Europas durch die USA nach dem Zweiten Weltkrieg.

Diverse U.S.-Regierungen ließen nie einen Zweifel daran, dass Multilateralismus nur instrumentellen Charakter hat – ganz so wie es die Theorie des Neoinstitutionalismus vorschreibt. Kooperationen werden dann getätigt, wenn es den eigenen Interessen dient und ein kooperatives Verhalten zu einem besseren Ergebnis führt als nicht-kooperatives Verhalten. Damit lässt sich auch die selektive Strategie der USA begründen.[60]

Gleiches gilt für ein multilaterales Agieren. Damit bleibt man ‚unter sich', muss keine lästigen Koordinierungsarbeiten tätigen, keine Kompromisse eingehen, die nationale Interessen schmälern würden und sich Rechtsordnungen unterwerfen, die gegen die lange Tradition des Hochhaltens der Souveränität verstieße.[61] So ist auch die Resistenz gegen internationale Abkommen zu interpretieren. Es spielen demokratische Elemente ebenso herein wie Kalkulationen möglicher nationaler Vorteile und nationale Sicherheit.[62] Gleichzeitig findet man durchaus Aktivitäten, wo die USA bewusst den multilateralen Zugang wählten.[63]

So ist es auch verständlich, dass kollektive Sicherheit (UNO), kooperative Sicherheit (NATO, SEATO, OAS), sowie bilaterale Verträge, Atlantizismus[64] oder Pazifik-Orientierung nebeneinander standen und vermischt wurden. One World-Ideen und diverse New World Order-Konzepte, Internationalismus, Isolationismus, Containment und Roll Back, die Domino Theorie,[65] die Abkehr von Europa oder Kreuzzug-Ideen (*Wilson, Roosevelt* und jetzt auch *Bush*), die Meinung, die USA wären der ‚Beacon of Liberty', die ‚Stimson-Doktrin' (Nichtanerkennung von Okkupation), *Roosevelts* ‚Four Freedoms',[66] die ‚Atlantic Charter',[67] die ‚Hull-Konzeptionen' für die UNO, die Doktrinen von Präsidenten und Kabinettsmitgliedern und von Sicherheitsberatern, die Entwicklungen der Kriegsbilder nach 1945, vor allem beeinflusst durch die Atomwaffen und deren Einsatzdoktrinen (‚Mutual Assured Destruction', ‚Massive Retaliation' und ‚Flexible Response'), die Rolle der NATO, die technischen Fortschritte (‚Military Technological Revolution' und ‚Revolution of Military Affairs'), die in Realisierung befindliche ‚Missile Defense' und vieles mehr hatten Einfluss auf Politik, auf die Bündnispartner, auf die Doktrinen und das Umfeld der militärischen Planungen. Ferner erzwangen die USA eine Änderung des Deutsch-Französischen Vertrages. In dieser Änderung argumentierten sie sogar mit einem möglichen Rückzug aus den Sicherheitsgarantien für Bundesrepublik Deutschland gegen die Sowjetunion.

Als Überbau kommt für die Probleme der USA mit multilateralem Agieren die besondere Konstellation um die verfassungsrechtliche festgelegte Gewaltentrennung zum Tragen. Der Staat wird als Bedrohung wahrgenommen, daher ist sein Einfluss so gering wie möglich zu halten. Regierungen haben eine schlechte Reputation als Kontroll- und Aktionsorgane.[68] Für die Außenpolitik bedeutet dies, dass sehr oft 2/3-Mehrheiten im Senat erforderlich ist, um multilateral agieren zu können (z. B. bei Vertragsratifikationen). Gleichzeitig ergeben sich aufgrund der rechtlichen Gegebenheiten bedeutende Möglichkeiten für Lobbying-Gruppen.[69] Es ist somit die eigene Form der Gewaltentrennung, die ein multilaterales Agieren erschwert.

2.1.7. Geographische Lage und Beschaffenheit des nordamerikanischen Kontinents

Die Insellage Amerikas gilt als eine weitere strategisch relevant Komponente, welche das politische Denken beeinflusste und Amerika gegen Europa und europäische Ideologien einnahm.

Betrachtet man die geographische Lage, so präsentieren sich die USA als Insel. Die Umgrenzung mit Wasser, welches gleichzeitig Grenze und Schutz war, im Westen und im Osten, und zwei relativ schwache Nachbarn im Norden und im Süden prägten und prägen nach wie vor strategische Überlegungen.[70]

Somit kommt dem Konzept der Gegenküste und deren Absicherung eine wesentliche Bedeutung zu.[71] ‚Mission', ‚Crusade',[72] die ‚Frontier' und die ‚Maritime Strategy' geprägt von *Alfred Thayer Mahan* (1840-1914)[73] hatten maßgeblichen Einfluss auf das strategische Denken aller Präsidenten seit *Theodore Roosevelt.*

Bis heute findet zudem das ‚Gegenküstenkonzept' von Nicholas Spykman Anwendung. Dies ist eine amerikanische Überlegung, die in europäischen Konzepten (ausgenommen in den Überlegungen Großbritanniens) aufgrund der geographischen Lage (‚Kontinentallage') keinen Platz finden konnte. Er erkannte in seinen Arbeiten die Bedeutung der Geographie und territorialer Aspekte für geopolitische Überlegungen. Dabei stellte er den Zusammenhang zwischen der permanenten Topographie und den dynamischen Veränderungen in Machtzentren her.[74]

Bereits etwa 50 Jahre zuvor empfahl Mahan Ähnliches, als er nach dem Krieg gegen die Philippinien 1898 die Errichtung von Stützpunkten in Japan verlangte, um Russlands Expansionismus einzudämmen. Dabei lehnte er sich an die Erkenntnisse aus dem Peloponnesischen Krieg und an Thukydides an.

Aus dem generellen Blickwinkel ist auch die Gründung der NATO zu sehen. Für Washington bot sich die Möglichkeit, Europa, Deutschland und Japan militärisch ruhig zu stellen. Damit konnte Europa auch nicht mehr einseitig agieren.

Die Insellage zeigt sich auch in den aktuellen Kommandostrukturen im Rahmen des ‚Unified Command Plan'.[75]

2.1.8. Psychologie und Verwundbarkeiten

Die Rolle der Psychologie und der Verwundbarkeit spielte Jahre keine bedeutende Rolle, da man sich aufgrund der historischen Erfahrungen vor allem Europa gegenüber überlegen fühlte. Eine Attacke auf eigenem Territorium erschien bis 2001 bestenfalls eine theoretische Möglichkeit, die sich nach dem Ende des Kalten Krieges noch weitere verringerte. Die Insellage erforderte keinen hohen Verteidigungsaufwand.

Die USA wurden – nimmt man die englischen Angriffe von 1812 und Pearl Harbor (1941) als Sonderfälle, praktisch nie am eigenen Territorium attackiert. In den Köpfen der Amerikaner sind diese Ausnahmen tief verankert. Gleichzeitig entwickelte man eine sehr niedrige Toleranzschwelle hinsichtlich möglicher Bedrohungen.

Die Bedrohungswahrnehmung in den 1990er Jahren war durch einen eklatanten Widerspruch geprägt: Einerseits markierte das Ende des Kalten Krieges die Notwendigkeit der Haltung von bestimmten militärischen Kapazitäten; andererseits traten neue Bedrohung hervor, denen man mit konventionellen Mitteln nur unzureichend begegnen konnte. Dieser Widerspruch ist nahezu typisch für große Übergangsphasen und führt dazu, dass die Erleichterung über das Verschwinden jahrzehntelanger Bedrohungen die Sensitivität gegenüber neuen Bedrohungen verringert.[76]

‚9/11' hat zu einer öffentlichen Trendwende geführt und die Wahrnehmung dahingehend verändert, als man nun die eigene Verwundbarkeit erkannte. Damit war die Bereitschaft auf breiter Basis signifikant erhöht worden, alle nur erdenklichen Maßnahmen zu ergreifen.[77] So wird es verständlich, dass *George W. Bush* besonders 2001 und 2002 mit einer ungeteilten Zustimmung für Antiterrormaßnahmen rechnen konnte.

Selbst der Abstand von mehreren Jahren zu ‚9/11' hat diese Bereitschaft in ihrer Grundsubstanz nicht entscheidend verändert. Die amerikanische Bevölkerung ist nach wie vor hypersensibel und dadurch eher bereit, politisch-legalistische Maßnahmen zu akzeptieren, die ihre Privatsphäre einschränkt – als Preis für die eigene Sicherheit.

2.1.9. Die amerikanische Version des Liberalismus

Liberalismus ist in den USA ein zweischneidiges Schwert. Einerseits sind die USA unzweifelhaft einer der liberalsten Staaten. Es gab keinen Staat, der derart nahe an die Geschehnisse des Liberalismus des 19. Jahrhunderts (z.B. Eingrenzung der Möglichkeiten des Staates, Laissez-faire, Individualismus) angebunden war und gleichzeitig so wenige konservative Elemente (i.S. von ‚noblesse oblige', Verantwortung von Eliten sich um die Massen zu kümmern) übernahm wie dies bei den USA der Fall ist.[78]

Andererseits findet man gleichzeitig kaum einen konservativeren Staat. Besonders im Bereich der Wirtschaft zeigt sich dieser vergleichsweise ausgeprägte Konservativismus.

Moravcsik argumentierte, dass die USA keine für Europa typische Linke und politische Mitte aufweisen. Daher geht man mit sozialen und wirtschaftlichen

Fragen anders um als dies in Industriestaaten üblich ist.[79] Die USA gilt als ein Extrembeispiel für Individualismus. *Lipset* nennt dies als Triebfeder dafür, dass man bereit ist, hohe Einkommensunterschiede ebenso zu akzeptieren wie in einem extrem dünnen sozialen Netz zu agieren. Ähnliches gilt für die innere Verpflichtung des Einzelnen, sich laufend zu bilden, sich freiwillig für gemeinnützige Aktivitäten zu engagieren und den persönlichen Gewinn an oberste Stelle des Zielkatalogs zu platzieren.[80]

Aus diesem losen Gemeinwesen wird der Glaube an universelle Werte abgeleitet. Liberalismus präsentiert sich in den USA als ein zweischneidiges Schwert: Einerseits ist man bereit, eine Führungsrolle zu übernommen; andererseits tut man sehr viel, um sich gegen den Einfluss von außen zu wehren und eigenständig zu bleiben. Dieses Liberalismusverständnis prägte die amerikanische Außenpolitik der letzten Jahrzehnte maßgeblich.

2.1.10. Securitization-Hypersecuritization

Sicherheit spielt in den USA aufgrund des Erfahrungshorizonts eine andere Rolle als beispielsweise in Europa. Somit hat auch der Prozess der *Securitization* in den USA einen anderen Stellenwert als in Europa.

Das Konzept der ‚Securitization'[81] bezieht auf einen Akt oder ein Bündel an Aktivitäten, die aus einem Thema eine Bedrohung werden lässt. Bedrohungen sind stark personen-, interessen, erfahrungs- und erwartungsgeleitete Phänomene. ‚Securitization' ist eine extreme Form von Politik.[82]

Eine erfolgreiche ‚Securitization' umfasst folgende Aspekte:

- Eine existentielle Bedrohung wurde geschaffen;
- eine wahrgenommene Gruppe mit entsprechender Macht in der Ordnung besetzt das Thema und lanciert eine öffentliche Debatte; im Zuge derselben wird Kraft Debatte aus dem Thema eine existentielle Bedrohung;
- angemessene Notaktivitäten sind auszulösen;
- im Falle der Inaktivität muss ein nachweisbar Schaden/Nachteil für die Gemeinschaft auftreten;
- vorhandene Regeln und Rechtsnormen sind zu brechen, um der existentiellen Bedrohung Herr zu werden.

Eines der aktuellen Beispiele sind Massenvernichtungswaffen im Irak, die als Metanarrative für die unverleugenbare Notwendigkeit des Irak-Krieges dienten.

Buzan bezeichnet eine Weiterentwicklung von Securitization als ‚Hypersecuritization': *„a tendency both to exaggerate threats and to resort to excessive countermeasures.*[83]"

In den USA hat sich eine geistige Strömung entwickelt, die annimmt, dass die USA nicht nur für sich selbst agieren, sondern für die Zukunft der Menschheit verantwortlich sind. Damit ergibt sich ein neues Argumentationspotential, aus dem ein paralleles Handlungspouvoir abgeleitet wird. Ferner können via das Instrument Hypersecuritization ein exorbitantes Verteidigungsbudget ebenso gerechtfertigt werden wie ein ebensolcher Militarismus. Dies meint, dass man, trotz der Tatsache, dass man über ein reichhaltiges Potential an Soft-Power-Fähigkeiten verfügt, rasch mit militärischen Interventionen zur Hand ist.

2.1.11. Zusammenfassung

„*So, who are we, we Americans? We're a priesthood of all believers in a civil religion that combines, often uneasily, the universals preached by Christian evangelism and the universals posited by the Enlightenment – a civil religion that blesses all sects but stand above them in the manner of a grand Freemason lodge. We're mater builders pledged to complete the unfinished pyramid under the All-Seeing Eye of Providence that appears on our Great Seal and one-dollar bill. We're revolutionaries devoted to creative destruction and even creative corruption so long as it hastens the arrival of a future we assume will be better than the present. We're jealous people who react ferociously against all who dare interfere with our pursuit of happiness. And we're a nation of hustlers and self-reinventors ready to do or believe whatever helps us worship God and Mammon, and thus feel good about doing well.*[84]"

Die amerikanische Eigenwahrnehmung und das daraus abzuleitende strategische Gedankengebäude basiert auf einer Mischung an Einflussfaktoren, die teilweise widersprüchlich sind und für Europa immer wieder überzogen und wurzellos wirken.

Im Zentrum stehen ein sich laufend weiterentwickelnder Gesellschaftsvertrag und der dadurch in Bewegung gesetzte Prozess. Man ist Amerikaner, in dem man eine Wahl trifft und sich nicht auf historische Erbschaften beruft. Es ist ein klarer aktiver Schritt in Richtung Bekenntnis und ein ebensolcher Schritt, eine konkrete Wahl zu treffen.

Selbsterschaffung lautet das Prinzip. Daher kann man auch mit nichts beginnen und dennoch sehr viel erreichen. Es hängt vom einzelnen und seiner Wahl ab. Daraus ergibt sich ein ausgeprägter Individualismus, der durch einen gesellschaftsimmanenten Zwang zum Philantropismus abgemildert wird. Die amerikanische Gesellschaft ist somit ein – vor allem für Europäer oft schwer verständliches - Amalgam aus Wahlfreiheit, Traditionen, Ideen und Möglichkeiten. Dieser Eklektizismus ist mittlerweile ein amerikanischer Wert an sich.

Aus diesen Rahmenparametern für das amerikanische politische System lässt sich erkennen, dass idealistische, liberale Vorstellungen mit machtpolitischen Elementen versetzt wurden – und nicht als widersprüchlich gelten, denn ist nicht die Idee per se leitend, sondern das Interesse und die Möglichkeit, dieses durchzusetzen. Realistische Argumente und liberale Ansätze werden, je nach nationalem Interesse, zu politischen Orientierungen. Es liegt also weder eine offensive noch eine defensive Haltung vor, sondern eine Konzeption, die von den nationalen Interessen und historisch begründbaren Parametern bestimmt wird. Was auf den ersten Blick als Widerspruch erscheint, gilt in den USA als ‚politische Normalität' und folgt einem traditionellen Grundverständnis. Für die USA ist diese Parametermischung politische Normalität – wohl auch weil sie relativ einfach begründbar und erklärbar ist.

2.2. Weitere Einflussfaktoren auf die amerikanische Außenpolitik

2.2.1. National Interest[85]

Der National Interest ist eine der Schlüsseldeterminanten geopolitischer und gesamtstrategischer Überlegungen besonders bei Großmächten wie den USA. Es handelt sich dabei um kein ‚All-Konzept', sondern vielmehr um ein auf den jeweiligen Staat hin maßgeschneidertes Konstrukt. Dennoch gibt es eine Reihe von grundlegenden Fragen, die man sich immer wieder im Rahmen der Festlegung des Nationalen Interesses stellen muss – gleich ob man ein mächtiger oder weniger mächtiger Staat ist.

Einen Definitionsversuch startet man günstigerweise mit eine Reihe von Fragen, die einander bedingen und beeinflussen.[86] Um diesen Fragenkreis ergeben sich Einflüsse aus den Bereichen der Ideologie, des globalen Systems, der öffentlichen Meinung, der Meinung von Eliten, den Massenmedien. Abrundend wirkt auch das systeminhärente Beharrungsvermögen der Politik auf die Festlegung des Nationalen Interesses ein. Nach Beantwortung dieser Fragen können die Nationalen Interesse in einem weiteren Schritt definiert werden. Dabei ist festzulegen:

1. Welches sind vitale Interessen, welche weniger wesentliche Interessen?
2. Wie kann man sich über diese vitalen Interessen ein klares Bild machen?
3. Welche Methoden helfen dabei?
4. Welchen Herausforderungen wird der Staat in den kommenden zehn Jahren gegenüber stehen?
5. Welchen Chancen/Möglichkeiten wird der Staat in den kommenden zehn Jahren gegenüber stehen?

Idealtypisch kann man folgende Interessenspyramide erstellen, die durchaus erweiterbar ist.[87] Ein zu hoher Detaillierungsgrad ist nicht sinnvoll, da es sich um ein Gesamtbild handelt, welches das Nationale Interesse ergibt.[88]

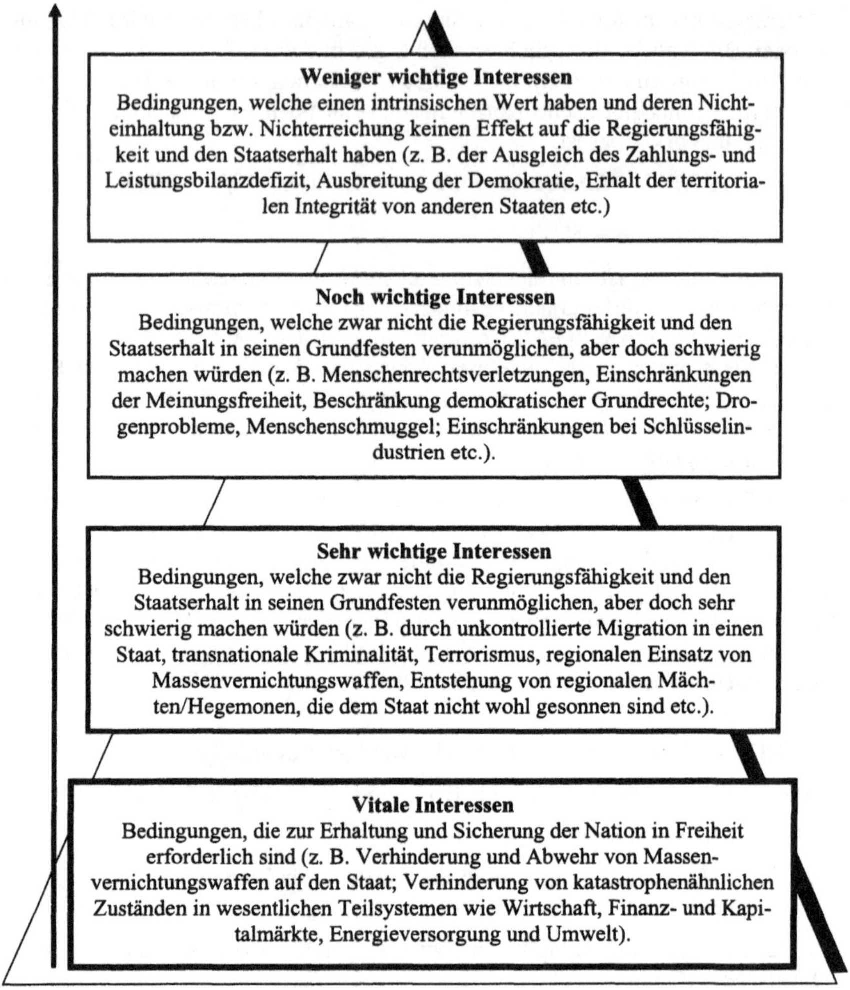

Abb. Nr. 3: National Interest

2.2.2. Verfassungsmäßige Grundlagen für die amerikanische Außenpolitik

Die amerikanische Außenpolitik ist verfassungsmäßig in ein einerseits relativ stringentes legistisches Gitter eingebunden, welches andererseits viel Interpretationsspielraum zulässt. Dieser Widerspruch erschwert außenpolitisches Gestalten und tatsächlich langfristiges Denken, welches der Strategie bislang inhärent war. Darüber hinaus beeinflussen die Persönlichkeit des Präsidenten und seine Berater außenpolitische Belange. Kein Präsident kann auf eine völlig konsistente Außenpolitik verweisen. Viele Konzepte weisen eine Reihe von inneren Widersprüchen auf. Letztlich versucht jeder Präsident, seiner Außenpolitik den eigenen Kurs zu verordnen und seinen Stempel aufzudrücken.

Auch das Spannungsfeld zwischen dem Weißen Haus und dem Kongress führt zu Widersprüchen. Viel davon ist verfassungsbedingt, da sowohl der Präsident als auch der Kongress maßgeblich die Außenpolitik beeinflussen.

So hat die Verfassung folgende Regulative vorgesehen:

- **Section 2, Article II:** The President shall be Commander in Chief of the Army and Navy of the United States, and of the Militia of the several States, when called into the actual Service of the United States; ...
- **Section 8, Article I:** The Congress shall have Power To declare War, ... To raise and support Armies, but no Appropriation of Money to that Use shall be for a longer Term than two Years; To provide and maintain a Navy; To make Rules for the Government and Regulation of the land and naval Forces; To provide for calling forth the Militia to execute the Laws of the Union, suppress Insurrections and repel Invasions; To provide for organizing, arming, and disciplining the Militia, and for governing such Part of them as may be employed in the Service of the United States, reserving to the States respectively, the Appointment of the Officers, and the Authority of training the Militia according to the discipline prescribed by Congress; ....
- Gleichzeitig hält **Section 9, Article I** fest: No Money shall be drawn from the Treasury, but in Consequence of Appropriations made by Law; and a regular Statement and Account of the Receipts and Expenditures of all public Money shall be published from time to time.
- Einen weiteren Ansatzpunkt für außenpolitische Entscheidung bietet folgende Passage der Verfassung: **Section 2, Article II** gives the President the right to make Treaties, provided two thirds of the Senators present concur.

Alleine diese kursorische Darstellung zeigt, dass die Verfassung geradezu eine Einladung zum Dauerkampf zwischen den verschiedenen exekutiven und legislativen Armen des Staates darstellt. Sogenannte ‚interagency conflicts' (d.s. Konflikte innerhalb der relevanten Ministerien und Einrichtungen und zwischen diesen Akteuren) sind in dieser Konstruktion noch gar nicht berücksichtigt. Die Situation im Irak zeigt die Grundproblematik fast in Form eines Paradebeispiels.

2.3. Institutioneller Rahmen

Die wesentlichen Akteure der amerikanischen Außenpolitik sind:

- der Präsident und der Außenminister (beide sind letztlich für die Außenpolitik verantwortlich und haben daher sehr umfassend zu agieren),
- der Nationale Sicherheitsberater des Präsidenten (er hat eine Koordinierungs- und Integrationsfunktion),

- der Verteidigungsminister (er bringt zusätzliche Dimensionen von nationalen Sicherheitsfragen ein)
- der Chairman of the Joint Chiefs of Staff (er repräsentiert die militärische Dimension in der Debatte und der Politikgestaltung) und,
- der Director of National Intelligence (er informiert die sogen. *Principals* regelmäßig über die aktuelle Lage).

Diese Akteure bilden das Herz des National Security Council, der das höchste Gremium zur Gestaltung der Außenpolitik ist.

Verfassungsmäßig ist die Außenpolitik nur sehr vage festgelegt: Der Senat muss Verträgen zustimmen, die der Präsident ausgehandelt hat, Botschafter und andere höhere außenpolitische Beamte bestätigen.

Der Kongress hat die finanzielle Kontrolle über die Außenpolitik, stimmt der Ausrüstung des Militärs zu und hat die Macht, Kriege zu erklären. Diese formale Ermächtigung ist der Ausgangspunkt für die Teilnahme des Kongresses am außenpolitischen Prozess. Über die Jahre gelang es dem Kongress, eine Reihe von informalen Übersichtsmöglichkeiten für sich herauszuschneiden. Die Involvierung des Kongresses variiert und hängt vom debattierten Thema ab. In Friedenszeiten ist die Einbindung des Kongresses erfahrungsgemäß gering. In Kriegszeiten – wie eben jetzt – hingegen ist der Kongress wesentlich involviert – insbesondere bei einem ‚split congress' (d.h. Senat und Repräsentantenhaus weisen unterschiedliche Mehrheitsverhältnisse auf) und wenn Meinungsdifferenzen über strategischen Ausrichtungen vorliegen (wie im Fall von Irak). Der Kongress agiert immer wieder über die ‚power of the purse' und über die Möglichkeit, Initiativen des Präsidenten einfach zu unterlaufen bzw. zu konterkarieren.

Diese überlappenden Machtverhältnisse zwingen den Präsidenten, mit dem Kongress zu kooperieren und die unterschiedlichen Standpunkte im Senat und im Repräsentantenhaus in seine Meinungsfindung einzubeziehen. Eine sinnvolle Außenpolitik erfordert ein laufendes überparteiliches Engagement zwischen dem Präsidenten und dem Kongress. Ansonsten bleibt der Präsident auf seinem Weg vom Weißen Haus zu Capitol Hill hängen und schwächt sich und damit auch seinen politischen Handlungsspielraum

2.4. Der theoretisch-ideengeschichtliche Rahmen[89]

„Our national security strategy is idealistic about goals, but realistic about means.[90]*"*

Theoretische Konzepte spielen in strategischen Überlegungen der USA eine deutlich größere Rolle als in europäischen Staaten. Kennt man die theoretische Zuordnung eines strategischen Denkers und Akteurs, so kann man gewissermaßen sein Weltbild im Hintergrund erahnen und seine Aktionsbereitschaft ableiten.

Wenngleich man die Theorie nicht ‚vor sich hertrug', nahm sie aufgrund der größeren Durchlässigkeit von akademischen und politischen Kreisen in den USA eine deutlich wichtigere Rolle als in Europa ein. So wird es auch verständlich, dass Vertreter der Academic Community immer wieder politische Funktionen ausübten und ihre Konzepte in der politischen Praxis umsetzen konnten. Parallel dazu gab es politische Notwendigkeiten, welche nach Anleitungen ‚riefen'.

Theorien boten mögliche Anleitungen, welche mit Parametern kombiniert wurden, die das ‚American Political System' bilden. Aus dieser Kombination ergaben sich die jeweilige nationalen Interessen und die Grand Strategy.

Will man die aktuellen Theorien internationaler Beziehungen kurz kategorisieren, so kann man von zwei großen Gruppierungen ausgehen, die in den Fragen der Ontologie und der Epistemologie einige Unterschiede aufweisen.[91]

Der **Idealismus** interpretierte den Ersten Weltkrieg als Machtspiel, in dem, obwohl niemand den Krieg gewollt haben mag, eine Spirale wechselseitiger Bedrohung geschürt wurde. Der Idealismus will, mit Bezug auf *Rousseau, Kant, Bentham* und *Mill* diese Spirale der Gewalt brechen. Unter dem Einfluss von US-Präsident *Woodrow Wilson* galten nach dem ersten Weltkrieg große Hoffnungen dem entstehenden Völkerbund, der die Staaten davon abhalten sollte, entgegen dem Willen der Völker den Frieden aufs Spiel zu setzen. Die Liberalisten gehen davon aus, dass sich Staaten kooperativ verhalten; das Überleben ist nur durch Zusammenarbeit, durch den Respekt von gemeinsam vereinbarten Normen und Regeln möglich. Ethische Prinzipien gehen vor Macht und Gewalt.

Die Theorietradition des **Realismus** in den Internationalen Beziehungen bestimmte die Zeit nach dem Zweiten Weltkrieg und während des Kalten Krieges. Er bildet als den Gegenpol zum Idealismus, wenngleich die geistigen Ursprünge in der Zwischenkriegszeit zu finden sind (z.B. in den Arbeiten von *E.H. Carr*). Der Realismus war auch die Folge von geopolitischen Notwendigkeiten und einer gewissen Enttäuschung, da man mit den liberalistischen Ansätzen keinen nachhaltigen politischen Erfolg erzielen und keine gesellschaftliche Gestaltung vornehmen konnte.

Die Realisten gehen von folgenden Rahmenparametern aus:

- Wenn die Geschichte nur eine Abfolge von Ereignissen ist, dann ist internationale Politik eine Abfolge von Krieg, Großmachdenken, wirtschaftlichem Wettbewerb, Aufstieg und Fall von Großmächten, Eingehen und Auflösung von Allianzen.
- Das Verhalten der Systemteilnehmer ist daher kontinuierlich, regelmäßig und sich wiederholend, weil Staaten durch die unveränderliche Systemstruktur in ihrem Verhalten limitiert sind.

- Die Realisten erklären, warum dies so ist und nehmen dabei an, dass Staaten sich aus einem Überlebenstrieb heraus konfrontativ verhalten, ja verhalten müssen.
- Das Prinzip der Selbsthilfe und der permanente Zwang, das eigene Überleben abzusichern, können nur zur Konfrontation führen (‚si vis pacem, para bellem'). Letztlich überlebt der Stärkste im System und gestaltet dieses mit Hilfe seiner Vorstellungen über Machtpolitik (stark sozialdarwinistisch in der Grundidee).
- Aus dem Blickwinkel der Realisten bestimmen Selbstbehauptung und Machterhalt das Wesen menschlichen und damit staatlichen Handelns.
- Unter der Bedingung von Anarchie sind die Staaten gezwungen, selbst Machtpolitik zu betreiben, um erfolgreich sein zu können, da die Konkurrenz um Macht und Sicherheit zwangsläufig zu einem Sicherheitsdilemma führt. Das Sicherheitsdilemma ist ein Kernproblem von souveränen Staaten in einem anarchisch strukturierten internationalen System. Es bezieht sich auf die „*propensity of armaments undertaken by one state for ostensibly defensive purposes to threaten other states, which arm in reaction, with the result that their national security declines as their arms increase.*[92]" Danach schädigen Staaten, die ihre vorsorgende Selbsthilfe vernachlässigen, ihre Überlebensinteressen.

2.5. Die Neo-Cons: Politisches Konzept - jedoch keine Theorie[93]

Kaum eine Denkrichtung hat in den vergangenen Jahren derart viele Debatten ausgelöst wie jene der Neokonservativen. Dabei handelt es sich um eine politische Strömung, welche ihre Heimat in den USA hat. Sie unterscheidet sich von anderen Formen des tradierten Konservatismus in einer Reihe von Kernpunkten. Während einige Merkmale des Konservatismus (Vorrangigkeit von Familie, Heimat, Staat und Nation, Betonung von Religion und Werten etc.) auch für den Neokonservatismus gelten, definieren dessen Theoretiker das Verhältnis von Freiheit und Ordnung bzw. Überlieferung und Fortschritt in eine andere Richtung. Der Wunsch nach aktiver Veränderung steht im Zentrum der Denkrichtung, die auch eine Reihe von Entwicklungsstadien seit Ende der sechziger Jahre des 20. Jahrhunderts durchmachte. In der aktuellen Denkgruppe kann man eine gewisse Konvergenz zum Neoliberalismus feststellen.

Die Wurzeln liegen in den dreißiger Jahren des 20. Jahrhunderts. Die intellektuellen Gründer des Neokonservativismus, *Daniel Bell*, *Nathan Glazar*, *Irving Howe* und *Irving Kristol*, waren Absolventen des City College of New York (‚Harvard des Proletariats'). Bei den meisten handelte es sich um Kinder ostjüdischer Emigranten. Ihre Herkunft machte die Intellektuellen für neue und revolutionäre Ideen des Sozialismus und des Kommunismus empfänglich. Die Weltwirtschaftskrise radikalisierte in den dreißiger Jahren des 20. Jahrhunderts die gesamte amerikanische Gesellschaft. So wurde eine grundlegende Veränderung der Sozialpolitik gefordert und in dem ‚New Deal' teilweise auch erreicht.

Dies führte zu einem Staatsinterventionismus, der für die USA unüblich war. Dieser stärkte die Macht des Staates und insbesondere auch die Macht Washingtons. Aus einem Kreis liberaler und sozialistischer Befürworter des Zweiten Weltkriegs entstand eine Gruppe Intellektueller, die konservative, sozialistische und liberale Vorstellungen integrierte. Sie bildet den Nukleus der so genannten Neokonservativen – wenngleich diese Bezeichnung damals noch nicht gebräuchlich war.

Die Positionen der Neokonservativen wandelten sich in den vergangenen drei Jahrzehnten öfters. Dies kann man der Tatsache begründet werden, dass zu vielen gesellschaftlichen Fragen keine über das Proklamatorische hinausreichenden theoretischen Konzepte vorliegen.

Die aktuellen Neokonservativen gelangten vor allem wegen ihrer Außenpolitik ins gesellschaftspolitische Rampenlicht.[94] Die Unterstützung eines rigorosen Antikommunismus, die Befürwortung einer interventionistischen Außenpolitik und unilateraler Hegemonieansprüche gelten als zentrale Ideen. Dafür ist man auch bereit, Spannungen mit traditionellen Konzepten der Diplomatie und sogar des Völkerrechts in Kauf zu nehmen. Die Intervention im Irak (2003) zeigte die Haltung überdeutlich.

Wirtschaftspolitisch wurde aus einem ‚Compassionate Conservatism' (ein mitfühlender Konservatismus, der eine Reihe stark sozialdemokratischer Positionen und einen Staatsinterventionismus inkludiert), der die Programmatik der ersten Amtszeit von *George W. Bush* bildete, in der zweiten Amtszeit ein marktgläubiger Status-quo-Konservatismus. Man ging stark in Richtung Kasino-Konservatismus, in die Restauration des ‚boom and bust' und in die Eigentümergesellschaft (‚ownership society'). Ergänzt wurde diese Denkrichtung durch einen ‚Evangelical Capitalism', welcher eine Synthese von Religiosität und vorbeugender Gewalt umfasst.

Eine der wesentlichen Erkenntnisse ist, dass der aktuelle Neokonservatismus ein Elitenprojekt ist. Die politische Linie ist nach wie vor inkonsistent und von innen heraus nicht theoriegeleitet. Die geistige Nähe zu *Leo Strauss* wurde aufgrund persönlicher Konstellationen wie etwa die Tatsache, dass *Paul Wolfowitz* bei *Strauss* studierte, konstruiert, jedoch kaum über den kleinen Kreis an Strauss-Schülern praktiziert.

Strauss' Einfluss wird immer wieder dafür verantwortlich gemacht, dass der Neokonservatismus ausgeprägte machiavellistische Züge trägt. Insbesondere geht auf Strauss die Idee des ‚Mythos' zurück (insbes. Religion und Nation). Dieses Konzept ist mit *Strauss'* Konzept verbunden, dass das Volk von der Elite belogen werden müsse. *Strauss* hat ein tiefes Misstrauen gegen die liberale Gesellschaft. Der Mythos ist nicht wahr, aber eine notwendige Illusion. Die Freiheit des Menschen verleitet dazu, alles in Frage zu stellen, was dann die Gesellschaft zerstören würde. Die Elite müsse diese Lügen öffentlich vertreten und leben, privat müssten sie diese natürlich nicht glauben. Neben Strauss beeinflussen *Albert Wohlstetter* und *Josef Korbel* die neokonservativen Konzepte – ohne letztlich zu einem kohärenten und durchgängigen theoretischen Ansatz zu kommen.

Die aktuellen Neokonservativen bilden ein umfassendes Netzwerk. Dies zeigt sich z.B. in folgender Konstellation. *Paul Wolfowitz* (vormals im Pentagon; danach IMF-Direktor); *Douglas Feith* (vormals im Pentagon engagiert, jetzt Lobbyist), der ehemalige Staatssekretär im Außenministerium *John Bolton* (UN-Botschafter der USA) und *Lewis Libby* (ehemaliger Chief of Staff von Vizepräsident *Dick Cheney* – nach der Plame-Affäre zurückgetreten[95]) formen einen unterschiedlichen und doch nicht unähnlichen Einflusskreis. Das 1943 gegründete ‚American Enterprise Institute' (AEI) und ‚Project for the New American Century' (PNAC) bilden eine think-tank-artige Struktur, die immer wieder genutzt wird, um politische Papiere auszuarbeiten. Das seit 1921 bestehende ‚Council on Foreign Relations' und das ‚Manhattan Institute for Policy Research' ergänzen diese Arbeiten. Zu Beginn des Jahres 2005 wurde das ‚Komitee gegen die gegenwärtige Gefahr' (‚Committee on the Present Danger') wieder aktiviert, in dem sich u.a. der ehemalige CIA-Chef *James Woolsey* engagiert. *Eleana Benador* gilt als eine der einflussreichsten PR-Agenturen mit vielfältigen Kontakten zu Politik, Wirtschaft und Medien; sie fördern neokonservative Ideen.

Die Konstruktion zeigt, dass es an einem kohärenten theoretischen Unterfutter fehlt. So müssen sich Neokonservative des 21. Jahrhunderts den Vorwurf der Beliebigkeit in ihren gesellschaftlichen und politischen Konzepten gefallen lassen.[96]

In der zweiten Amtszeit von *George W. Bush* verloren die Neo-Cons an Einfluss, wurden sie doch mehrheitlich für das Scheitern im Irak verantwortlich gemacht.

Präsident *Bush* war in seiner zweiten Amtszeit primär damit befasst, ohne gröberem Gesichtsverlust aus dem durch neokonservative Ideen verursachten Desaster herauszukommen.

2.6. Die Bedeutung von theoretischen Konzepten für die U.S.-Grand Strategy

Von den theoretischen Konzepten hatten besonders die beiden Großtheorien ‚Realismus' und ‚Liberalismus' einen wesentlichen Einfluss auf die Grand Strategies. Dies liegt daran, dass Mitglieder der Academic Community nahezu routinemäßig in der amerikanischen Politik involviert sind. Man kann vereinfacht sagen, dass

- die Phase des Kalten Krieges primär vom Realismus geprägt war;
- die Phase der neunziger Jahre eher liberalistisch durchsetzt waren, wenngleich bereits in dieser Periode der Liberalismus kein adäquates Konzept zur Gestaltung der Ordnung war, da sich diese in einer ‚vorauseilenden

Transformation' befand; damit wurde die ,Theorie-Praxis-Lücke' immer größer;

- seit dem 11. September 2001 verstärkt wieder realistische Ansätze konzeptprägend sind, wenngleich ein noch höheres Maß an Inkongruenz zwischen der Ordnung und der Gestaltung derselben vorliegt. Dies meint, dass realistisch fundierte Konzepte noch weniger ordnungsadäquat sind als dies liberalistische Konzepte in den neunziger Jahren waren. Letztlich klaffen Theorie und Strategie stark auseinander, wohl auch, weil es den Vertretern der Theorie bislang noch nicht gelungen ist, eine ordnungsadäquate und gestalterisch einsetzbare Theorie zumindest im Sinne eines ,Mind Set' für politische Entscheidungsträger zu erarbeiten.

Abschießend ist festzuhalten, dass im Regelfall nicht unbedingt die Anwendung theoretischer Konzepten vorliegt, sondern die theoretischen Ansätze eine Geisteshaltung von politischen Beratern und Entscheidungsträgern sind. Diese fließt naturgemäß in die Entscheidungsvorbereitung und Entscheidungsfindung ein. So ergibt sich nach außen das Bild, dass theoretische Konzepte politikgestaltend sind und einen hohen Einfluss auf die Erarbeitung von Strategien ausüben. Offenbar ist, dass grundsätzlich theoretische Ansätze aufgrund der hohen Osmose zwischen Politik und Academic Community einen deutlich höheren Einfluss auf die Erarbeitung von Strategien in den USA haben als dies z.B. in Europa der Fall ist.

3. Grundlegende Gedanken zur Energiepolitik der USA

"America must have an energy policy that plans for the future, but meets the needs of today. I believe we can develop our natural resources and protect our environment.[97]*"*

Dieses strategische Ziel ist anzupeilen und umzusetzen – falls notwendig, auch unter Inkaufnahme eines Regimewechsels, insbesondere im Irak. Der Irak sollte als „gelungenes Beispiel für die Demokratisierung des Nahen und Mittleren Ostens" dienen – so der Grundgedanke der amerikanischen Außen- und Sicherheitspolitik besonders unter *George W. Bush.*

Gleichzeitig setzte man – nach amerikanischer Ansicht – beim Schlüsselstaat für die strategische Ressourcensicherung für die USA und die Verbündeten an. Besonders nach dem Zweiten Golfkrieg galt der Irak aus der Sicht der USA als Hauptgefährder des freien Zugangs zu den Öl- und Gasreserven am Persischen Golf.[98] Petroimperialismus und die Dominanz von Öl und Gas galten in vielen Editorials und unter Experten als die wesentlichen Faktoren für die Intervention im Irak im Frühjahr 2003.

,Regime Change' und Massenvernichtungswaffen – der ,Global War on Terrorism', welcher nach den Erfolgen in Afghanistan unbestritten war - waren weitere Gründe für die Intervention im Irak. Man konnte den Eindruck gewinnen, dass geoökonomische Überlegungen eine Wiedergeburt erlebten und militärische Interventionen rechtfertigten. Man konnte jedoch auch den Eindruck gewinnen, dass bisher wirtschaftliche Überlegungen nur marginale Bedeutung hatten.

Dieser Eindruck ist verzerrt, denn wirtschaftlich-strategische Überlegungen sind seit Jahrzehnten Teil jeder amerikanischen Grand Strategy. Die Sicherung von Ressourcen (von Rohstoffen bis zum Humankapital), von Transportwegen bzw. Umschlagsmöglichkeiten, der gezielte Handel, der Zugriff zu Schlüsseltechnologien und zum Kapital etc. sind wesentliche Faktoren gesamtstrategische Überlegungen. Sie ist sehr oft sowohl ‚surface cause' als auch ‚root cause' in strategischen Konzeptionen – sie ist im Regelfall nicht der einzige Grund für Interventionen.

Ein Blick in die Geschichte zeigt die Bedeutung des Faktors Wirtschaft. *„Geoeconomics analyzes the economic strategy – notably commercial - adopted by Nations within the framework of policies aiming at protecting their national economy or some well-identified areas of it, to help their "national companies" to acquire the mastery of technologies and/or to conquer certain sectors of the world market relating to the production or commercialization of a product or a range of specific products, where the possession or control of such a product confers upon its owner – Nation or "national" company – an element of power and international influence and leads to a reinforcement of its economic and social potential.[99]"*

Vor allem im Zuge des Irakkrieges von 2003 wurde das Geoökonomie-Argument immer wieder in die Debatte über mögliche Kriegsgründe seitens der USA eingebracht. Die Geoökonomie löse die Geopolitik ab, so *Edward Luttwak.*[100] *„Often taken for granted, and yet central to capitalism's fluidity, given the requirements of today's techno-infrastructure, is the ecoliquidity of the strategic commodity, oil, which has entered dangerous waters in recent years.[101]"*

Nicht die Regierung *Bush* propagierte die Geoökonomie. Vielmehr konnte man bereits unter *Clinton* beobachten, dass, wohl auch durch die Globalisierung und ihre Konsequenzen und den Wegfall der bipolaren Machtkonfrontation, geoökonomische Fragestellungen deutlich an Boden in der politischen und gesellschaftlichen Debatte gewannen, ja gewinnen konnten. Klassische geostrategische Fragen verloren an Bedeutung, weil Raum und Zeit eine neue Bedeutung bekamen. Beide Kategorien sind flexibel in der Langfristbetrachtung.

Geoökonomisch induzierte Kriege der neueren Zeit stehen in einer engen Verbindung mit dem Ölpreisschock 1973. Zu diesem Zeitpunkt wurde deutlich, dass die Ressourcen Öl und Gas in relativ wenigen Händen konzentriert sind. Damit ergibt sich ein breites Machtpotential, das auch immer wieder genutzt wurde. Diese Schocks stehen in einem engen Zusammenhang mit der Auflösung von Bretton Woods und der daraus folgenden mächtigen Transformation des globalen Wirtschafts- und Finanzsystems. Das nach Bretton Woods deutlich liberale

System zwang die USA nahezu, sich Öl und Gas zu einem für sie vernünftigen Preis zu sichern. Dies ging am ehesten in einem hegemonialen System – mit den USA an der Spitze.

Bereits *Richard Nixon* setzte während der Ölkrise 1973 auf das Program Independence: *„What I have called Project Independence 1980 is . . . set to insure that by the end of this decade, Americans will not have to rely on any source of energy beyond our own.*[102]"

Gerald Ford unterzeichnete 1975 den *Energy Policy and Conservation Act*. Für *Jimmy Carter* wurde die Energieabhängigkeit zu einer moralischen Frage, die er als *„moral equivalent of war*" sah. Die *Carter Doctrine* (State of the Union Address, 23. Jänner 1980) macht dies deutlich.[103]

Im Jahr 1991 – während des Zweiten Golfkrieges - lancierte Präsident *George H. W. Bush* eine Nationale Energiestrategie, die die Abhängigkeitsreduktion von Öl im Fokus hatte. 1992 schlug Präsident *Clinton* umfangreiche Steuern auf Rohöl vor, um die Abhängigkeit von Ölimporten zu reduzieren. Im darauf folgenden Jahr rief er die ‚Partnership for New Generation Vehicles' mit den drei großen Autoherstellern ins Leben. Auch *George W. Bush* setzte die Abhängigkeit von Ölimporten auf seine Agenda der ersten Amtszeit und setzte einige Akzente.

An diesen eklektischen Beispielen zeigt sich die grundlegende Bedeutung von Öl für die USA.[104] So ist Präsident *Bushs* Aufforderung in der State of the Union Address 2006 nichts Neues in der amerikanischen Energiepolitik.[105]

Wenngleich sich der Ölmarkt in den vergangenen 30 Jahren wandelte, ist der Nahe bzw. Mittlere Osten nach wie vor jenes Gebiet mit den höchsten Ölreserven. Damit ist die Region nicht nur für die USA, sondern auch für alle mit den USA Verbündeten (insb. für Japan, welches nahezu zu 100% energieimportabhängig ist) von wesentlicher Bedeutung. Die Jahrzehnte lange Instabilität aufgrund des Nahostkonflikts verstärkte die Volatilität und erhöhte gleichzeitig die Bedeutung der Region.

4. Geoökonomische Betrachtungen in der amerikanischen Grand Strategy[106]

„It's in our vital interest to diversify America's energy supply -- the way forward is through technology. We must continue changing the way America generates electric power, by even greater use of clean coal technology, solar and wind energy, and clean, safe nuclear power. We need to press on with battery research for plug-in and hybrid vehicles, and expand the use of clean diesel vehicles and biodiesel fuel. We must continue investing in new methods of producing ethanol -- (applause) -- using everything from wood chips to grasses, to agricultural wastes.[107]"

Dieser Ausschnitt aus der State of the Union Address aus dem Jahr 2007 verdeutlicht, dass sich in der Nuancierung vor allem aufgrund der Erfahrungen in den vergangenen Jahren geoökonomisch die Schwergewichte etwas verschoben haben, wenngleich dieser Trend ist nichts Neues in der amerikanischen Außenpolitik. Geoökonomie ist ein integraler Bestandteil amerikanischer strategischer Überlegungen.

Am Beginn des 21. Jahrhunderts steht der Begriff der Geoökonomie im engen Zusammenhang mit dem nach ‚9/11' emotionalisierten und politisierten Verständnis von Globalisierung. Wirtschaftliche Machtkämpfe, welche politisch und emotional unterstützt und forciert werden, sollen zu einer internationalen Vormachtstellung einzelner Akteure führen.

Geoökonomische Gedanken fließen sowohl in staatliche als auch in nichtstaatliche Konzeptionen ein. Nicht die Abschottung, sondern der Weltmarkt ist relevant. Dabei kommt es nicht zu einer Entgrenzung und einer Bedeutungsschmälerung des Staates, sondern zu einer Aufwertung des Staates und seiner Wirtschaftspolitik. Sie entscheidet über den nationalen Wohlstand, die Zahl und Qualität der Arbeitsplätze und somit über die Zukunft des Gesamtgefüges.

Geoökonomen stützten ihre Überlegungen auf die Theorie des strategischen Handelns (‚strategic trade') von *Paul Krugman*. Der Staat hat in dieser Konzeption die Aufgabe, zukunftsträchtige Technologien und Branchen für den weltwirtschaftlichen Wettbewerb fähig zu machen, und somit Arbeitsplätze und den Wohlstand für den nationalen Standort zu sichern. Daher muss der Staat aktiv sein. Die Ablehnung eines ‚Laissez-faire-Kapitalismus' ergibt sich somit zwangsläufig. Die Globalisierung und ihre Konsequenzen sind mit allen zulässigen Mitteln aktiv politisch zu gestalten. Die Schaffung der politischen Rahmenbedingungen ist die Grundvoraussetzung für eine positive Nutzung der fortgesetzten Globalisierung. Weitere wichtige Vertreter der Geoökonomie sind *Edward Luttwak*,[108] *Jeffrey E. Garten, Lester Thurow* und *Martha Caldwell Harris*.[109] Gleich welches Konzept man heranzieht – in allen haben geoökonomische und letztlich dann wirtschaftsstrategische Parameter einen bedeutenden Stellenwert, welcher je nach thematischem Schwergewicht variiert.

Folgende Konzepte zeigen beispielhaft einen stark geoökonomischen Charakter:

- Währungssteuerung durch das Bretton-Woods-Abkommen (1944) und die geplanten Schaffung der ITO;
- der Marshall Plan (European Recovery Act – 1947 vorgestellt; 1948-1952 laufend);
- das COCOM-Abkommen.

Ansatz	Geoökonomisches Element
Unilateralismus der hegemonialen Macht – Dominance&Preponderance	Eine Macht steht im Zentrum, die über verschiedenen Ebenen (politische Macht, militärische Macht, ökonomische Macht, kulturelle Macht) Kraft ihrer Einzigartigkeit die Ordnung dominiert und gestaltet. Der Geoökonomie kommt insofern Bedeutung zu, als sie den Dominanz- und Vorherrschaftsanspruch untermauert und unterstützt.
Institutioneller Multilateralismus – Liberal Institutionalism	Dieses Modell erlaubt in vielen Fällen eine gewaltfreie Konflikteindämmung und oft Lösung. Das demokratisch-idealistische Element und die Verbreitung bestimmter Werthaltung über das Modell der Demokratie stehen im geistigen Zentrum des Ansatzes. Am ehesten im Bereich der Wirtschaft langfristig durchsetzbar, vor allem Agieren über internationale Organisationen
Internationaler Regionalismus	Stark auf wirtschaftliche Beziehungen konzentriert. Die politische Dimension und die daraus resultierenden Gestaltungsmöglichkeiten sind nur indirekt betroffen.
Selektives Engagement	Rückzug aus internationalen Verpflichtungen aus und stellt eine isolationistische Haltung in das Zentrum der Überlegungen; geoökonomische Aspekte nur dann bedeutend, wenn sie streng auf die nationalen Interessen ausgerichtet sind.
Balance of Power Realism	Der Gleichgewichtsrealismus ist ein Zugang, der von der Aufrechterhaltung von Allianzverpflichtungen ausgeht; Geoökonomische Interessen nur marginal vertreten.
Pentagon's New Map (Barnett)	Ausgangspunkt ist die asymmetrische Ausbreitung von Globalisierung, die letztlich zu neuen geopolitischen Konzepten und grundlegend veränderten Betrachtungsweisen führen muss.
National Security Strategy 2002 und 2006	**Freie Märkte und freier Handel sollen eine neue Ära globalen Wirtschaftswachstums einleiten:** Dieser Punkt umfasst globale und regionale Initiativen und bilaterale Freihandelsabkommen. Damit verbleibt man im *Open Door* Ansatz, der nicht nur den Partnern, sondern vor allem den USA zugute kommen. **Ausweitung des Entwicklungsprozesses durch Öffnung von Gesellschaften und den Aufbau demokratischer Strukturen**: Das Ziel der Regierung Bush ist die Freisetzung des Produktivpotenzials von Menschen in allen Nationen. Anhaltendes Wachstum und Armutsverringerung sind ohne die richtige Politik auf nationaler Ebene unmöglich. Dort, wo Regierungen tatsächliche politische Richtungsänderungen vorgenommen haben, wird sich ein deutlich größeres Engagement in der Entwicklungshilfe zeigen. Die Vereinigten Staaten und andere Industrieländer sollten sich ein ehrgeiziges und spezifisches Ziel setzen: Im Laufe von zehn Jahren wird eine Verdopplung der Leistung der Volkswirtschaften in den ärmsten Ländern der Welt angestrebt.

Tab. 1: Gesamtstrategische Ansätze und geoökonomische Elemente

Grundlage für geoökonomische Konzepte sind die definierten nationalen Interessen. Bereits in der Kategorie der vitalen Interessen der USA, d. h. der wichtigsten Interessensgruppe findet man entscheidende Hinweise auf die Bedeutung der Geoökonomie:

Vitale Interessen: Bedingungen, die zur Erhaltung und Sicherung der Nation in Freiheit erforderlich sind (z. B. Verhinderung und Abwehr von Massenvernichtungswaffen auf den Staat; Verhinderung von katastrophenähnlichen Zuständen in wesentlichen Teilsystemen wie Wirtschaft, Finanz- und Kapitalmärkte, Energieversorgung und Umwelt).

Weiters gibt es vier langfristige Ziele im Rahmen der amerikanischen Außen- und Sicherheitspolitik, die mit geoökonomischen Überlegungen im Allgemeinen und mit Öl im Besonderen zusammenhängen:[110]

1. defense of the homeland;
2. promotion of U.S. democratic values;
3. creation of a favorable world order; and,
4. enhancement of the nation's economic well-being.

Diese vier Ziele bilden auch den Rahmen für die Erhaltung und Sicherung der wirtschaftlichen Aktionsfähigkeit, insb. auf die langfristige Ressourcensicherung.

In den folgenden Ausführungen wird primär die Sicherstellung der Energieversorgung herausgegriffen und regional mit jenem Gebiet verknüpft, das über die größten Öl- und Gasressourcen der Welt verfügt, dem Mittleren und Nahen Osten.

5. Die Region: Der Broader/Greater Middle East[111]

„*The United States has three strategic interests in the Persian Gulf: maintaining the flow of oil onto world markets, preventing any hostile state from dominating the region, and minimizing any terrorist threat.*[112]"

Kaum eine Region wurde in den vergangenen Jahren mehr diskutiert und kritisch beleuchtet als der Broader oder Greater Middle East (BME).[113] Es handelt sich um eine mehrdimensionale Schnittfläche von klassisch strategischer Bedeutung – nicht nur für die USA, sondern auch für alle anderen großen Spieler. Kontrollierte Unruhe, Selbstbeschäftigung der regionalen Akteure und die Verhinderung des Aufkommens eines regionalen Hegemons (z.B. des Irans) sind somit zentrale Anliegen geopolitischer Akteure.

Wesentlich ist, dass die USA eine von europäischen Betrachtungen abweichende Vorstellung der Region hat. Daraus ergeben sich auch immer wieder Missverständnisse – vor allem in der Frage, welcher Staat Teil der Betrachtung ist und welcher nicht mehr. Räumlich-geographische und politische Abgrenzungen haben nicht nur im Zeitablauf Veränderungen erfahren, sondern zusätzlich durch unterschiedliche sprachliche Zugänge zu unterschiedlichen Inhaltsgebungen geführt.

Um einige Grundparameter im amerikanischen Denken besser erfassbar zu machen und die Unterschiede zu Europa aufzuzeigen, werden die Kernbegriffe Orient-Mittlerer Osten-Naher Osten kurz analysiert.

Die nachfolgenden Ausführungen zeigen, wie unterschiedlich die Zugänge zur Definition sind. Vieles ist historisch begründet und hat nach wie vor Konsequenzen für aktuelle politische Entscheidungen.

5.1. Zu den wesentlichen Begrifflichkeiten: Orient-Mittlerer Osten-Naher Osten[114]

Orient (lat.: oriens = aufgehend, d.h. Aufgang der Sonne), auch Morgenland genannt, wird als Gegensatz zum Okzident (Abendland), der europäischen Welt (im Griechischen nennt man den Orient Anatole und im Italienischen Levante) gesehen. Es handelt sich um einen Begriff kulturgeographischer Natur.[115] Begriffe wie Vorderer Orient werden ebenfalls immer wieder verwendet und führen durch unkorrekte Übersetzungen bzw. Anwendungen zu einer Reihe von Missverständnisse, die auch auf die praktische Politik Auswirkungen haben. Die Bedeutung und Inhaltsgebung des Begriffs haben sich sowohl in der politischen als auch akademischen Debatte in den letzten Jahren stark gewandelt. Während früher die gesamte asiatische Welt, d.h. die arabischen Länder, Iran, Indien und die heutige Volksrepublik China als Orient bezeichnet wurde, zählte man später nur die Länder Vorderasiens mit Ägypten und die meisten islamischen Kulturen dazu; im heutigen Sprachgebrauch beschränkt man den Begriff auf den Nahen Osten und die arabisch-islamische Welt – einschließlich der Türkei, Iran, Pakistan und Nordafrika, aber ohne die islamischen Staaten Südostasiens. Der Begriff „Orient" wird zumeist weniger in einem politischen oder geographischen, sondern viel mehr als religiös-kulturelles Konstrukt bzw. als Kulturraum verwendet.[116] Seit den 1970er Jahren hat das Konzept eine Separation in Orient und Okzident heftige Kritik erfahren (Orientalismusdebatte).[117] Wesentlich erscheint im vorliegenden Zusammenhang die Betonung der kulturgeographischen Komponente des Begriffs und weniger seine räumliche Fassbarkeit. Daher ist es nicht essentiell, zu einer Aussage über das Kernland zu kommen, sondern die kulturgeographische Färbung, insb. die Dominanz durch den Islam, die alte Mittelmeerwelt und die Beeinflussung durch Süd- und Südosteuropa zu begreifen.

Der Begriff **Naher Osten** gilt als einer jener vielfach missbrauchten geographischen Begriffe. Als Kernraum des Nahen Ostens bezeichnet man die Region zwischen der östlichen Küste des Mittelmeeres und den taurisch-iranischen Faltengebirgsketten.[118] So ergeben sich – auch aus historischen Gründen – sehr unterschiedliche Zuordnungen von einzelnen Staaten zum Nahen Osten. Eine Variante umfasst die Länder der Arabischen Halbinsel sowie weitere angrenzende Staaten. Früher wurde das Gebiet des Osmanischen Reiches außerhalb

Europas so bezeichnet. Darin äußert sich eine kontinental-europäische Sichtweise auf ein Gebiet, bei dem es sich im Wesentlichen um Westasien sowie um kleine Teile Nordafrikas handelt. Großbritannien ordnete auch die Balkanstaaten dem Nahen Osten zu. Die Region umfasst aus aktueller amerikanischer Sichte folgende Staaten und autonome Gebiete: Ägypten (im engeren, ungebräuchlichen Sinn nur der asiatische Teil, also der Sinai), Bahrain, Irak, Iran (nicht in jedem Fall, da weder arabisch noch ehemals osmanisch), Israel, Jemen, Jordanien, Katar, Autonome Region Kurdistan, Kuwait, Libanon, Autonome Republik Nachitschevan, Oman, Palästinensische Autonomiegebiete, Saudi-Arabien, Syrien, Türkei, Vereinigte Arabische Emirate.

Der Begriff **Mittlerer Osten,** welcher sich immer wieder im medialen Sprachgebrauch findet, ist im Regelfall eine wörtliche Übersetzung des englischen Ausdrucks Middle East[119] bzw. des französischen Begriffs Moyen Orient.[120] Durch die unterschiedlichen historischen Hintergründe und die sprachlichen Differenzen haben sich noch mehr Widersprüche und Ungereimtheiten in die Diskussion um die Zugehörigkeit bzw. Nichtzugehörigkeit zu diesem Konstrukt ergeben. Der Begriff wurde vor allem während des Zweiten Weltkrieges verwendet, um jene Gebiete zu definieren, in denen das britisch-amerikanische East Command militärische Operationen leitete. Es handelte sich um die arabischen Gebiete bis einschließlich Libyen.

So ist es nicht verwunderlich, dass sowohl aufgrund sprachlicher Unterschiede als auch aufgrund unterschiedlicher politisch-geographischer Zutritte es zu unterschiedlichen Auffassungen hinsichtlich des Begriffsinhaltes und Begriffsumfanges kam und nach wie vor kommt.

Aus amerikanischer Sicht kann man aufgrund einer Reihe von aktuellen Studien davon ausgehen, dass die Region des Greater Middle East (so die Terminologie der Regierungen *Bush* I und II) folgende Staaten umfasst: Mauretanien, Marokko, Algerien, Tunesien, Libyen, Ägypten, Sudan, Israel, Jordan, Saudi Arabien, Jemen, Oman, Vereinigte Arabische Emirate, Bahrain, Qatar, Kuwait, Irak, Syrien, Libanon, Türkei, Iran, Afghanistan und Pakistan.[121]

Dieser Umfang unterscheidet sich vom oben angeführten Begriffsumfang. Dies ist bei den folgenden Ausführungen zu bedenken.

5.2. Geographische und demographische Rahmenparameter als geoökonomische Basis[122]

Das Gebiet hat – aus amerikanischer Sicht - einen Umfang von $16.909m^2$ (USA 9,269; Europa der 25 Staaten 4,150). Es wird vom Atlantik, dem Mittelmeer, dem Schwarzen Meer, dem Kaspischen Meer, dem Rotten Meer und dem Arabischen Golf umschlossen. Große Golfgebiete wie jener von Aden, Oman und dem Persischen Golf eröffnen wesentliche Kommunikations- und Transportlinien von strategischer Qualität. Die Region umfasst Wüstengebiete ebenso wie fruchtbare Abschnitte (z.B. das Niltal oder die Täler von Tigris und dem Jordan oder das Industal und den Südwesten der Arabischen Halbinsel). Darüber hinaus gibt es umfangreichste Öl- und Gasvorkommen.[123]

Vor allem Flüsse spielen in der geographischen Betrachtung eine wesentliche Rolle, sind diese doch prägend für das Selbstverständnis und die Herausbildung von Hochkulturen. Euphrat und Tigris gelten neben dem Nil und dem Indus als die beiden am stärksten die Region prägenden Flüsse. Stromtiefländer sind wirtschaftlich ebenso bedeutend wie kulturell fördernd.[124]

Bis 2001 hatte die Region 575 Mio. Einwohner (453 in Europa-27; 285 in den USA) und weist eine Wachstumsrate von 1,9 – 2,4% p. a. auf. (Verdoppelung innerhalb von 30 Jahren). Die Vorschau zeigt, dass bis 2030 die 1-Milliardengrenze erreicht werden kann. Diese Entwicklung bedeutet ein enormes Humankapital, das es zu fördern gilt, da ansonsten noch stärkere negative Konsequenzen im sozialen Bereich drohen als sie zur Jahrtausendwende bereits vorhanden sind. Nur vier Staaten überschreiten die 50-Millionengrenze: Ägypten (65 Mio.), Iran (65 Mio.), Pakistan (141) und die Türkei (73). Die Region weist eine sehr hohe Urbanisierungsrate auf, wobei die Tendenz ansteigend ist. Die Aufteilung in Religionsgruppen sieht folgendermaßen aus: Islam (Schiiten und Sunniten); Juden und Christen (Israel, Libanon, Irak, Syrien). Die Sprachgruppen umfassen Arabisch, Berberdialekte, Parsi (Iran), Hebräisch (Israel) und Urdu (Pakistan). Das Ausbildungsniveau ist unterdurchschnittlich, was die Anzahl von etwa 80 Mio. Analphabeten in der Region deutlich macht (2/3 davon sind Frauen). Nur 0,6% der Bevölkerung nutzen das Internet und 1,2% besitzen PCs.

Dies sind willkürlich herausgegriffene Parameter, die ein Gesamtbild in der Entwicklung der Region zeigen und sich folgendermaßen zusammenfassen lassen: Das Gebiet beherbergte eine Reihe von Hochkulturen, die einen bemerkenswerten Entwicklungsstand aufwiesen, jedoch im Laufe der Jahrhunderte verfielen; die Eigenwahrnehmung blieb jedoch stark vom Hochkulturdenken geprägt; rasches Bevölkerungswachstum mit gleichlaufender Urbanisierung; unterdurchschnittliches Ausbildungsniveau und ebenso unterdurchschnittliche Anbindung an die Globalisierung (Maßstab ist die Internet- und PC-Nutzung);[125] historische Niederlagen, die ein Unterlegenheitsgefühl erzeugten und bis heute nachwirken und ein im Vergleich zum Westen anderer Zugang zu sozialem Wandel; letztlich kommt es durch die starke Prägung durch den Islam und seine ‚gesellschaftliche Klammerfunktion' zu Gesellschaft, die in ihren Grundfesten schlichtweg ‚anders' als der so genannte Westen ist.[126]

5.3. Ökonomische Aspekte

Die wirtschaftliche Lage der Region präsentiert sich sehr ambivalent. Einerseits hat man die weltgrößten Gas- und Ölreserven (65% der vermuteten Reserven), andererseits gibt es kaum eine Region, die derart vom globalen Wirtschaftssystem abgeschnitten ist wie der Broader Middle East. Die Ressourcenreserven geben dem Gebiet die Möglichkeit, aufgrund der globalen Industrie- und Gesellschaftsstrukturen ein strategisches Gewicht allererster Güte einzunehmen. Dennoch liegt das durchschnittliche BIP/Kopf seit Jahren bei etwa $ 1000,-- (im Vergleich: Europa-27: 8.540; USA: 10.065). Diese Ziffer verhüllt die starken regionalen Ungleichgewichte: 5 Staaten (Ägypten, Iran, Israel, Saudi Arabien und die Türkei) erwirtschaften ein BIP von über $100 Milliarden. Da die Bevölkerung laufend steigt, sinkt das BIP/Kopf. Der Durchschnitt der fünf Staaten liegt bei etwa $1,800. Die Arbeitslosigkeit liegt bei etwa 30%; daraus resultiert eine beträchtliche innerregionale Migration (bes. in die Ölstaaten), aber auch eine ebenso hohe Migration nach außen (USA, Europa, Asien). Die Region hat zwei weitere große Schwachpunkte: Die Möglichkeiten für den Zugang zu Wasser sind gering; die Importabhängigkeit in der Nahrungsmittelversorgung ist hoch.

Weiter ökonomische Eckdaten verdeutlichen die Ambivalenz: Im Jahr 2006 lag der Anteil der Region am Weltexportvolumen bei 5%, ausländische Direktinvestitionen lagen bei einem Prozent. Strukturelle Beschränkungen, Korruption, Bürokratisierung, ein hohes Defizit im Exportbereich charakterisieren das Bild der Region. BIP-Wachstum, Investitionen und die Produktivität sanken in nahezu allen Staaten dieser Region in den vergangenen 20 bis 30 Jahren.

Die Weltbank schätzt, dass dort bis 2020 100 Millionen neue Arbeitsplätze geschaffen werden müssen, um mit dem Bevölkerungswachstum Schritt zu halten. Trotz Ressourcenreichtum und relativer Energieunabhängigkeit ist man seit Jahrzehnten nicht in der Lage, daraus Kapital zu schlagen. Man findet kaum polarisiertere Gesellschaften, höhere Einkommens- und Bildungsunterschiede wie im BME. Die aussichtslose Situation hat zu einer weit verbreiteten Hoffnungslosigkeit vor allem unter jungen Menschen geführt. Sie wurden für radikale Gruppen und religiös-fundamentalistische Propaganda anfällig. Neben den wirtschaftlichen Defiziten, einer ausgeprägten Geschichtsgeschlagenheit, einem tief sitzenden Gefühl der Unterlegenheit gegenüber dem Westen, einer Unfähigkeit, aus den vorhandenen Möglichkeiten Vorteile zu ziehen, ist es die systemimmanente passive Haltung, die zur aktuellen Situation führte und deren Konsequenzen weit über die Region hinausgehen.

Unter den 23 Staaten sind zwei Staaten, welche demokratischen Grundstandards noch am ehesten entsprechen: Israel und die Türkei. Diese darf als zweites Trauma bezeichnet werden: Die Region BME gilt als die am wenigsten demokratische Region der Welt. Auch in den vergangenen 15 Jahren konnten kaum demokratische Fortschritte erzielt werden. Die Region ist eine permanente Zone für gewaltsame Konflikte, für Kriege und für den Terrorismus (in seinen Wurzeln und in seiner Verbreitung). Migration, kaum vorhandene Wohlfahrtssysteme, hohe Asymmetrien zwischen und Arm und Reich und ein bemerkenswertes Flüchtlingselend sind zwangsläufige Konsequenzen. Dem gegenüber umfassen die Militärausgaben in der Großregion 7% des globalen BIP und führen zu einer Zerstreuung von Kapital, das für Bildung deutlich besser genutzt werden könnte und auch müsste – will man die aktuelle Situation in Griff bekommen. In naher

Zukunft wird jede europäische Hauptstadt innerhalb der Reichweite von ballistischen Raketen sein, welche im BME stationiert sind.

5.4. Historisch-politische Aspekte[127]

Es ist bemerkenswert, dass sich die Staaten der Großregion immer wieder für die falsche Seite entschieden und dadurch nahezu zwangsläufig Rückschläge erleiden mussten. Dies zeigt sich beispielsweise an der Geschichte des Osmanischen Reichs und an den diversen arabischen und muslimischen Fraktionen, die sich den Nazis anschlossen (z.B. der Großmufti von Jerusalem; der Jordanische König, der Francos Armee unterstützte; Muslims am Balkan, die sich der Waffen-SS anschlossen). Danach entschloss man sich, die Sowjetunion als Schutzmacht in Anspruch zu nehmen bzw. sich an die Bündnisfreie Gruppe zu halten. Arabischer Nationalismus wurde mit dem arabischen Sozialismus verknüpft und fand großen Zuspruch bei Jugendlichen, an Universitäten und unter Intellektuellen. Der arabische Sozialismus führte zu einem umfassenden Fehlschlag. Die Mittelklasse, welche aus nationalen und religiösen Minderheiten bestand, wurde zerschlagen. In vielen Staaten wie in Ägypten, Syrien, im Irak, in Libyen und Algerien ersetzte das Militär diese Mittelklasse. Sie implementierten staatliche Unternehmen, die nahezu ausschließlich negative Resultate produzierten. Auch der Pan-Arabismus ist als Projekt gescheitert. Unter den 23 Staaten haben nur ganz wenige einen gemeinsamen historischen Hintergrund. Die meisten Staaten sind Kolonialisierungsprodukte oder das Ergebnis von Mandaten. Die Staatsgrenzen nehmen daher nur sehr wenig Rücksicht auf die Bevölkerung und die Geschichte. Letztlich führten die GME-Staaten sehr oft Kriege, die sie in einer entwürdigenden Weise verloren. 1947, 1967, 1978 führten z. B. arabische Staaten Kriege gegen Israel. 1991 und 2003 wurde der Irak in Kriege gegen eine westliche Koalition (Koalition der Willigen) involviert. Darüber hinaus gab es Kriege gegeneinander (z. B. Iran-Irak).

Ferner wurden beispielsweise typisch westlich-aufgeklärte Prinzipien wie Selbstbestimmung und Schutz von Minderheiten im BME grundlegend verzerrt wieder gegeben und angewendet. Somit blieb das ethnische Problem seit dem Ende des Ersten Weltkrieges ungelöst. Es ist die Grundlage für viele aktuelle, ungelöste Konflikte. Nachdem man viele Entitäten in ihre Selbständigkeit entlassen hatte, setzte der Westen sehr oft auf die falsche Führung. Diese beutete die Bevölkerung häufig aus. Am meisten leidet die Bevölkerung unter dieser Situation. Damit wurde ein zweifacher Hebel geschaffen, um die Bevölkerung zu entfremden und zu radikalisieren. Der Fehlschlag eines arabischen Nationen- und Gemeinschaftsverständnisses führte zu einer fragwürdigen Alternative: Islam als globale Lösung.

5.5. Religiöse Aspekte[128]

Der radikale Islam des 21. Jahrhunderts ist grundsätzlich nichts Neues in der Geschichte des Islams, jedoch konnten sich radikale Elemente nie über längere Zeit und einen größeren Raum bislang ausbreiten. Es gab immer wieder radikale

Wellen (z.B. durch den Mahdi von Sudan, der versuchte, Queen Victoria zum Konvertieren zu bewegen) – diese wurden durch Kaliphe aber rasch unterdrückt. Der aktuelle radikale Islam lässt sich bis 1749 zurückverfolgen, als es zu einer Allianz zwischen Abdel Wahab und einer Reihe von Stammesführern kam. Wahab predigte die Rückkehr zum primitiven Islam. Aufgrund der Allianz mit den Saudis wurde aus einer Sekte eine mächtige Gruppe, die stark in die Politik eingreifen konnte und so ihren Einfluss auf der arabischen Halbinsel und letztlich auch darüber hinaus gehend ausdehnen konnte.[129] Im 19. Jahrhundert mussten die Wahabiten nach einem wahren Höhenflug eine Niederlage einstecken, als der Sultan von Ägypten ihren Einfluss brutal zerschlug. Bis 1922 lebten die Wahabiten relativ friedlich in ihren Wüstensiedlungen. Danach gelang es ihnen wieder an Einfluss zu gewinnen, da sie die Uneinigkeiten zwischen den Kolonialmächten und die abnehmende britische Macht geschickt für ihre Zwecke nutzten. Die Gründung des Königtums Saudi Arabien ist als Gipfel dieser Entwicklung zu sehen. Die Wahabiten gründeten dieses Königreich mit Billigung der Briten. Ende des Zweiten Weltkrieges gingen die USA eine Allianz mit Saudi Arabien ein und legitimierten das Königreich auf lange Sicht. Hintergrund waren der Ölreichtum Saudi Arabiens und der wachsende Energiebedarf der USA aufgrund der ständig sich ausweitenden wirtschaftlichen Aktivitäten.[130]

Damit war Saudi Arabien aufgewertet. Die Tür für eine Radikalisierung mit Rückendeckung durch die Königsfamilie war geöffnet. So konnte sich ein rückwärts gerichteter Islam entwickeln, der eine starke Fanatisierungskomponente beinhaltet. Die Wahabiten begannen mehr und mehr aggressiv ihre Ideen zu vertreten und ihre Lehre über die gesamte muslimische Welt zu verbreiten.

Saudi Arabien ist nicht der alleinige Förderer des radikalen Islams, aber eine wesentliche Quelle auf das Aufkommen des Dschihadismus. Dschihadismus ist eine Mischung aus Religion und Geschichte (tatsächlich und gedacht!). Besonders nach dem Zerfall des bipolaren Systems und der damit einher gehenden ‚Globalisierung von Freiheit' konnte diese Strömung an Boden gewinnen. Viele politische Führer in der muslimischen Welt fürchteten um den Verlust ihrer Macht. Daher wurden besonders die Medien und das Bildungssystem instrumentalisiert. Man darf auch annehmen, dass einige Regime Netzwerken wie Al Kaida zumindest wohlwollend, wenn nicht gar aktiv unterstützend gegenüber standen. Gemeinsam mit westlichen Staaten hat man die Entwicklung in der einen oder anderen Form aktiv bzw. zulassend gefördert.

5.6. Die Sonderrolle Saudi Arabiens auf dem Weg zum Irak-Krieg

Saudi Arabien spielt im globalen Ölmarkt eine wesentliche Rolle. Man darf annehmen, dass Saudi Arabien eine Schlüsselrolle bei der Bildung terroristischer Netzwerke spielte. Hier zeigt sich die Zerrissenheit dieses Staates: Man hat Jahrzehnte alte Beziehungen zu den USA, die auf die Anfänge der Ölförderung bis in die dreißiger Jahre zurückgehen. Dies geht soweit, dass die USA auf saudischem Territorium Truppen stationierten, was wiederum zu tiefen Rissen in den Beziehungen und zum Anheizen fundamentalistischer Bewegungen führte.[131] Parallel dazu finanzieren die USA das politische Regime in Saudi Arabien direkt über Ölgeschäfte und indirekt über andere Finanzierungslinien. Mit der Abhängigkeit von saudischem Öl hat man nur mehr wenig funktionsfähige Druckmittel seitens der USA. So präsentiert sich die amerikanische Politik gegenüber Saudi Arabien als äußerst zweischneidig und glich einer außerordentlichen Gratwanderung.

Trotz der Rückständigkeit und Rückwärtsgewandtheit konnte das saudische Regime auf die Unterstützung durch den Westen zählen. Toleranz gegen Ressourcen lautete die Devise. Saudi Arabien regulierte den Ölpreis und half afghanischen Kämpfern gegen die Sowjetunion – mit westlicher Billigung. Die Einnahmen aus Ölgeschäften konsolidierten die Beziehungen zwischen dem Westen und den Saudis.

So haben Änderungen im globalen Ölmarkt und innere Instabilitäten dazu geführt, sodass es immer schwieriger wurde, sich gegen die Regionalmachtrolle der USA zu wehren – ohne dabei selbst unterzugehen. Saudi Arabien ist einer der wenigen Swing Producer der Welt (aufgrund der Überproduktionskapazitäten kann man sich rasch den Marktgegebenheiten anpassen). Damit hatte man eine Machtposition, gleichzeitig war man aber auch sehr leicht unter Druck zu setzen. So machtvoll die saudische Position auf den ersten Blick aussieht, so schwach ist das Fundament bei näherer Analyse.

Seit den siebziger Jahren war der Energiemarkt, insb. der Ölmarkt von teilweise erratischen Entwicklungen gekennzeichnet. Vor allem Ende der neunziger Jahre kam es nach der Asien-Krise wiederum zu einer gravierenden Marktveränderung durch die USA. Sie setzten die OPEC-Staaten unter Druck, mehr Öl zu produzieren. Die OPEC widersetzte sich dem amerikanischen Druck und ging in die Offensive. Darauf hin änderten die USA ihre Strategie und setzten auf den Irak, der aufgrund einer Reihe von Studien als der zweite Swing Producer der Zukunft eingestuft wurde. Die Einbindung des Iraks in die strategischen Überlegungen würden OPEC die zentrale Rolle nehmen, Saudi Arabien könnte entlastet werden und eine neue Ordnung zur Ölproduktion und Ölverteilung könnte geschaffen werden. Ziel musste daher die Privatisierung der irakischen Ölproduktion sein. Als großer Unsicherheitsfaktor galt die politische Instabilität. Sollte man hier nicht rasch stabile Verhältnisse schaffen können, so würden die dringend erforderlichen Investitionen und Privatisierungserlöse fehlen.

So verlegten sich die amerikanischen Interessen von Saudi Arabien auf den Irak – trotz aller Risiken. Dieser sollte eine wesentliche Rolle in geoökonomischen und letztlich gesamtstrategischen Überlegungen spielen.

Mit einer Intervention konnten aber auch eine Reihe anderer „offener Punkte“ geklärt werden – gleich welchen man nun als ‚main trigger' hinstellte. So spielen der Iran und der Irak Schlüsselrollen, die bereits in den späten neunziger Jahren festgelegt wurden.

Es handelt sich nicht um ein ‚Manöver imperialen Gehabens' seitens der USA, sondern um rational kalkulierte Überlegungen zum Ausbau der hegemonialen Stellung und zur Grundsicherung von Energie. Das Vorgehen wurde auch aufgrund einer Reihe politischer Fehler in den vergangenen 15 Jahren erforderlich (z.B. Sponsoring von Regimen durch die USA, die sich nun als ‚faul' herausstellten und keinesfalls amerikanischen Werten und Zielvorstellungen entsprachen; Stützung von antidemokratischen Regierungen, nur um an die Ressourcen heranzukommen; etc.).

„Many of the sources of global terrorism spring from the archaic social conditions within Saudi Arabia and the vast stores of oil money that the royal family controls. The consequences of the destructive Wahhabi Islamic ideology that spins from Saudi Arabia to fuel terrorism is something the Saudi government is unwilling to address, and the United States is unwilling to take a stand on. The Saudis are tolerant of a jihadist culture, and the United States is tolerant of our oil supplier."[132]

5.7. Die Rolle des Irans im Regionalgefüge

Der Iran spielt im Regionalgefüge neben Saudi Arabien eine Schlüsselrolle. Neben den nuklearen Ambitionen hat der Iran seit Jahrzehnten ein gespanntes Verhältnis zu den USA. Dies lässt sich zumindest bis zur ‚Geisel-Krise' (Nov. 1979 bis Jänner 1981) zurückverfolgen und begründen.[133]

Gleichzeitig droht der Iran immer wieder, Rohstofftransporte durch die Straße von Hormuz zu unterbrechen und gegebenenfalls Angriffe auf die Infrastruktur von amerikanischen Alliierten zu unterstützen. Damit würde der Ölpreis weiter ansteigen und den jeweiligen Wirtschaften großen Schaden zufügen. Der Weltmarkt würde sich möglicherweise noch anpassen können. Der amerikanische Wertpapiermarkt hingegen würde hingegen große Probleme damit haben.

Nach dem iranisch-irakischen Krieg (1980-88 – auch Erster Golfkrieg) sah der Iran im Irak einen regionalen Hauptkonkurrenten, der zusätzlich über Massenvernichtungswaffen verfügte. Der Krieg endete mit mehr als einer Million Toten, ohne Friedensvertrag und mit einer Reihe von ungeklärten Punkten. Das Taliban-Regime in Afghanistan galt als weiterer Feind, der von Pakistan und Saudi Arabien substantielle Unterstützung erhielt.

Die Ereignisse von ‚9/11' brachten für den Iran eine Veränderung im Sicherheitsumfeld: Der Sturz der beiden Regime in Afghanistan und im Irak und die darauf folgende Truppenstationierung wurden mit gemischten Gefühlen wahrgenommen. Man hatte Sorge, dass man als nächstes für einen Regimewechsel in Frage kommen würde.

Diese Sorge war letztlich unbegründet, da die Koalition im Irak nicht den erwarteten Erfolg erringen konnte und damit keinen Machthebel gegenüber dem Iran in Händen hatte. Vielmehr gewann der Iran an Profil und an Möglichkeiten. Die Ereignisse zwischen Israel und dem Libanon im Sommer 2006 beschleunigte den relativen Machtzugewinn des Irans. Der Wahlgewinn durch die Hamas in der West Bank und im Gazastreifen und das Überleben der Hezbollah verstärkten die iranische Position im Regionalgefüge.

Dennoch konnte der Iran nicht jene Position erringen, die er sich gewünscht hatte. Es fehlt ihm an der Unterstützung durch andere Staaten in der Region, da man als nichtarabischer schiitischer Staat keine natürlichen Verbündeten hat. Darüber hinaus gibt es fundamentale Auffassungsunterschiede zwischen dem Iran und den arabischen Staaten in der Region zur Gestaltung der regionalen Sicherheit. Während Teheran die USA als Hauptverantwortlichen für regionale Instabilitäten sieht, nehmen andere regionale Akteure Washington als Garant für eine Minimalstabilität in der Region wahr. Der Iran plädierte immer wieder für aktive regionale Beiträge und eine Zurückdrängung äußerer Einflüsse. Damit hätte Teheran die Möglichkeit, sich in vorderste Front zu bringen. Dass daran kein anderer Mitspieler Interesse hat, liegt auf der Hand.

Nichts desto trotz gilt der Iran als regionaler Spieler im Nahen Osten, aber auch in Westasien und ganz generell auf internationaler Ebene. Teheran hat zumindest das Potential, die Zukunft von Afghanistan, dem Irak, dem Libanon und die Entwicklung im israelisch-arabischen Konflikt maßgeblich mitzugestalten. Da der Iran auch über beträchtliche Gasreserven verfügt, befinden sich vor allem europäische Staaten mitten im Machtkontext und können sich den Entwicklungen nicht entziehen. Somit geht es in der Betrachtung nicht ausschließlich um amerikanische oder russische Überlegungen, sondern auch um europäische Überlegungen.

5.8. Strategische Entwicklungstrends in der Großregion

Für die kommenden 15 Jahre kann man von folgenden Entwicklungstrends ausgehen.[134]

1. Der mehr oder wenige schleichende Zusammenbruch der Sozialverträge zwischen Herrschern und Beherrschten wird durch Druck von innen und von außen zu einer Erosion der herrschenden Regime führen. Diese Erosion kann friedlich und gewaltvoll geschehen.
2. Gewalt wird verstärkt nach innen gewandt sein, weil den Herrschenden die Legitimation fehlt.
3. Die Verbreitung von Waffen wird sich verstärken, da internationale Regulationen bestenfalls verzögernd, aber nicht verhindernd wirken. Begründbar ist die Anhäufung von Waffen mit der generell instabilen Lage, die es immer wieder zu sichern gilt. Nuklearwaffen sind Teil des Betrachtungsspektrums.
4. Der Aufbau neuer Beziehungen zu neuen Partnern hat einerseits die Sicherung des Waffenflusses und andererseits die Sicherstellung eines geregelten Ölflusses zum Gegenstand. Dabei wird man eine Gradwanderung gehen

müssen, um die Bevölkerung durch zu enge Zusammenarbeiten nicht vor den Kopf zu stoßen.

Wenngleich es immer wieder zu dem einen oder anderen überraschenden Ereignis kommen kann, so baut die Entwicklung im Wesentlichen auf die vorhandenen Konfliktfelder auf. Ereignisse sind somit im Regelfall eine Verstärkung von Vorhandenem:

1. Der Arabisch-Israelische Konflikt nimmt eine Zentralposition ein, wobei dieser Konflikt neben einer direkten Konfrontation auch eine Stellvertreterfunktion hat. Langfristig kann sich ein weiterer Krieg (ev. zwischen Israel und Syrien) ebenso entwickeln wie eine Form des kalten Friedens (wie jetzt bereits zwischen Israel und Ägypten). Wie rasch die Lage kippen kann, zeigen die Ereignisse vom Sommer 2006. Der Waffenstillstand und das unspezifizierte Mandat vom August 2006 deuten darauf hin, dass jederzeit eine weitere Eruption möglich ist. Viel hängt dabei auch von der Entwicklung der Beziehungen zwischen den USA und dem Iran ab, denen man gewisse Stellvertreterinteressen nicht absprechen kann. Entscheidend wird dabei auch die Politik der Europäischen Union sein, die über finanzielle Unterstützungen und das laufende Einmahnen von friedlichem Verhalten hinausgehen wird müssen, da dem Bekenntnis zu einer globalen Rolle auch konkrete Taten zu folgen haben.

2. Das Aufkommen radikaler Regime ist ebenfalls von schockartigen Konsequenzen begleitet. Die Nachfolgefrage in einem der zentralen Staaten, Ägypten, ist ungeregelt und öffnet damit die Tür zur Radikalität. Ähnlich ist die Situation in Saudi Arabien. Käme es zu radikalen Wechseln, so wären nicht nur die innerarabischen Beziehungen belastet, sondern auch Beziehungen zu traditionellen Verbündeten wie Washington. Damit kommt der Zugang zu Öl und Gas wieder ins Spiel, der dann eine neue Bedeutungsqualität erhielte. Eine besondere Rolle im Regionalkontext nimmt Pakistan ein, da es sich um eine Atommacht handelt. Atomwaffen in unkontrollierbaren und unberechenbaren Händen würden die Region weiter destabilisieren und zu einem Dominoeffekt der negativen Art führen. Umso verständlicher ist das amerikanische Interesse an der Großregion.

3. Auch der Ölpreis ist ein wesentliches Kriterium, das zu schockartigen Reaktionen führen kann. Die immer höher werdende Abhängigkeit von Öl aus der Großregion (vor allem Europa und Japan, neuerdings auch China) macht die Nachfrager zu einem Spielball der Interessen. Darüber hinaus könnten höhere Einnahmen aus Ölverkäufen die Motivation, tief greifende Reformen durchzuziehen, eher mindern. Ein deutlicher Preisrückgang könnte den gegenteiligen Effekt haben.

4. Die Lage im Irak hat sich weiterer Knackpunkt herauskristallisiert. Ein positiver, rasch stabiler Ausgang der Lage im Irak hat mittlerweile eine strate-

gische Dimension eingenommen. Dieser erfolgreiche Ausgang zeichnet sich jedoch nicht ab (abgesehen davon, dass es anspruchsvoll ist, nachvollziehbare Erfolgskriterien zu fixieren und letztlich auch zu überprüfen). Da die USA das Thema ganz oben auf ihrer Agenda haben, hat man sich sehr unter Leistungs- und Zeitdruck gesetzt. Dabei zeigen sich folgende Ergebnismöglichkeiten. Es kommt zu einem islamischen Regime; es gelingt, einen starken Mann an der Spitze zu positionieren; es kommt zum Bürgerkrieg; der Irak bricht auseinander. Alle vier Möglichkeiten werden für die USA negative Konsequenzen haben und das Unternehmen Irak in die Reihe der Niederlagen einreihen.[135]

5. Wesentlich wird auch sein, wie sich die Beziehungen zwischen den USA und anderen entscheidenden Akteuren und dem Iran entwickeln werden und wie sich der Iran in der Frage der Atomwaffen verhalten wird. Eine weitere Nuklearisierung des Irans wird zu einer weiteren Destabilisierung der Region führen, da eine Großmacht die anderen Staaten, insb. Israel zumindest indirekt am machtpolitischen Gängelband halten wird. Der Aktionsspielraum seitens Europa und der USA ist äußerst gering. Demnach hat man auch nur eine sehr begrenzte Anzahl an Druckmitteln in der Hand.

6. Die Rolle von Öl und Gas am Weltenergiemarkt

„The availability of energy resources is of paramount importance to society. .... The fundamental dilemma facing us is that energy is a vital ingredient for growth and sustainable development, and for the vast majority of economic activities, but that energy production and use contribute to global warming. The greatest challenge facing the energy sector today is how to meet rising demand for energy, whilst at the same time reducing our emissions of greenhouse gases.[136]"

6.1. Der generelle energiepolitische Rahmen

Der generelle energiepolitische Rahmen gibt einen ersten Einblick in globale Entwicklungslinien. Seit 1970 sich der Weltenergieverbrauch fast verdoppelt. Im Jahr 2003 wurden ca. 14,9 Mrd. t zur Versorgung der Welt mit Energie umgesetzt. Ab Beginn der neunziger Jahre hingegen hat sich das Wachstum des Energieverbrauchs vergleichsweise signifikant verlangsamt. Zunächst verzeichneten die mittel- und osteuropäischen Transformationsländer und die Nachfolgestaaten der Sowjetunion einen starken Rückgang. Mitte der neunziger Jahre wirkten besonders die energiewirtschaftlichen Reformen in China dämpfend auf den Verbrauch.

Im Jahr 2003 erhöhte sich der weltweite Energieverbrauch – nach ersten Berechnungen – um 2% gegenüber dem Vorjahr. Dies ist besonders mit einem erheblichen Wirtschaftswachstums in China erklärbar. So hat China einen Zuwachs des BIP für 2003 von 9% im Vergleich zu 2002 verzeichnet. Für die kommenden Jahrzehnte geht man von einem fortgesetzten Anstieg des weltweiten Energiebedarfs aus. Für den Zeitraum bis 2020 wird ein Zuwachs von 30 bis 50% geschätzt. Auch darüber hinausgehend wird der Anstieg des Energieverbrauchs anhalten.

Manche Szenarien gehen in etwa von einer Verdoppelung des Weltenergieverbrauchs bis zum Jahr 2050 im Vergleich zu 2003 aus. Besonders die Schwellenlänger Südostasiens und Lateinamerikas werden einen starken Bedarfsanstieg verzeichnen. In diesen Staaten fallen ein hohes wirtschaftliches Wachstum und ein weiterhin starkes Bevölkerungswachstum zusammen. In den Nachfolgestaaten der UdSSR und in anderen mittel- und osteuropäischen Staaten geht die wirtschaftliche Erholung nach der Transformationskrise der neunziger Jahre mit einem zunehmenden Energieverbrauch einher. In den westlichen Industriestaaten geht man von einer geringeren Verbrauchszunahme aus. Der bei steigendem Wohlstand wachsende Energiebedarf der Industrieländer wird aufgrund des geringen Bevölkerungsanstiegs durch die effizientere Verwendung von Energie gedämpft werden.

Der Weltenergieverbrauch auf Basis des Jahres 2001 umfasste insgesamt 404 Quad. BTU und zeigt nach Energiequellen aufgeschlüsselt folgendes Bild: [137]

Energiequelle	**Relativer Verbrauch in Prozent**
Öl	39 %
Gas	23 %
Kohle	24 %
Atomenergie	6 %
Wasser/erneuerbare Energien	8 %

Tab. 2: Globaler Energieverbrauch (Basis 2001)

Die Aufstellung deutet gleichzeitig die Abhängigkeiten an. Der Überhang an Öl- und Gasverbrauch ist klar ersichtlich.

Für Nordamerika (Basis 2001; 116 Quad BTU) ergibt sich eine „Verteilungstriade“, welche auch noch Kohle umfasst.

Energieverbauch	**Relativer Verbrauch in Prozent**
Öl	39 %
Gas	24 %
Kohle	21 %
Atomenergie	8 %
Wasser/erneuerbare Energien	8 %

Tab. 3: Verteilungstriade im globalen Energieverbrauch für Nordamerika (Basis 2001)

Für Westeuropa (Basis 2001; 68 Quad BTU) ergibt sich folgende Verteilung.

Energieverbauch	Relativer Verbrauch in Prozent
Öl	43 %
Gas	22 %
Kohle	13%
Atomenergie	13 %
Wasser/erneuerbare Energien	9 %

Tab. 4: Verteilung im globalen Energieverbrauch für Westeuropa (Basis 2001)

Ein Szenario für 2025 zeigt folgende Verteilung (im Vergleich zu 2001), die eine geringfügige Umverteilung zwischen Öl, Gas und Kohle vorsieht:

Energieverbauch	Relativer Verbrauch in Prozent (Basisjahr 2004-404 Quad BTU)	Relativer Verbrauch in Prozent (Zieljahr 2030-678 Quad BTU)
Öl	39 %	37 %
Gas	23 %	28 %
Kohle	24 %	22 %
Atomenergie	6 %	5 %
Wasser/erneuerbare Energien	8 %	8 %

Tab. 5: Vergleich der Basis von 2001 mit einem Szenario für 2025

Die Verschiebungen innerhalb der Energiearten erscheinen gering. Bemerkenswert hingegen ist der Gesamtanstieg um 50 %. Besonders bemerkenswert ist die Verschiebung bei den Entwicklungsstaaten:

Energieverbauch	Relativer Verbrauch in Prozent (Basisjahr 2005-207 Quad BTU)	Relativer Verbrauch in Prozent (Zieljahr 2030-404 Quad BTU)
Öl	33 %	31 %
Gas	24 %	248 %
Kohle	33 %	35 %
Atomenergie	2 %	3 %
Wasser/erneuerbare Energien	8 %	7 %

Tab. 6: Vergleich der Basis von 2005 mit einem Szenario für 2030

Auch hier gilt die Verdoppelung des Anstiegs als bemerkenswert Größe und weniger die Verschiebung zwischen den Kategorien.

Das World Energy Council hält in seiner aktuellen Survey folgendes fest. „*Let us not fail to fully understand the magnitude of the challenge facing us. The challenge that we face is bigger than one country or company and the evolution of energy systems will require considerable time and expense in order to alter energy and raw material inputs, operations and products and to develop and introduce technological innovations, as well as to establish the infrastructure to support them.*"[138]

Darauf aufbauend ergeben sich für dass Zieljahr 2030 folgende regionale Trends und Mengentrends:

1. Die Exporte aus dem Mittleren und Nahen Osten werden sich von 19 mmb/d auf 46 mmb/d mehr als verdoppeln.
2. Die Ölimporte von Asien wachsen von 5 mmb/d auf 24 mmdb/d an und machen 83% der Weltölimporte aus.
3. Die US-Ölimporte werden auf 5 mmb/d ansteigen.

Bemerkenswert, wenngleich auch nicht überraschend, ist auch die Verdoppelung des Energieverbrauchs der Entwicklungsländer.

Insgesamt zeigen sich folgende globale Entwicklungspfade:[139]

1. Die globale Energienachfrage wird aufgrund der Bevölkerungsentwicklung der verbesserten Lebensstandards um 50-60% gegenüber dem Referenzjahr 2004 bis 2030 ansteigen.
2. Bis 2020 werden die weltweit 100 größten Städte um 191 Millionen Menschen anwachsen. 90% des Wachstums findet in Entwicklungsstaaten statt. Besonders bemerkenswert ist die Entwicklung in Asien, die signifikant rascher vor sich geht als in anderen Teilen der Welt. Bereits 2010 werden die Nicht-OECD-Staaten die OECD-Staaten in der Energienachfrage überholt haben. Gleichzeitig wird auch das BIP signifikant in diesen Staaten ansteigen.
3. Kohle, Öl und Gas werden unabdingbare Energiequellen bleiben, um die gesamte, voraussehbare Energienachfrage abdecken zu können.
4. CO_2-Emissionen entwickeln sich eng entlang der prognostizieren Energienachfrage.
5. Die Energienachfrage ist noch enger mit der wirtschaftlichen Entwicklung gekoppelt.
6. Regierungen müssen sich viel stärker in ihrer Rolle deklarieren, die sie zur Marktgestaltung und zur Festsetzung von Standards einnehmen wollen und letztlich auch müssen.
7. Energieunabhängigkeit darf nicht mit einer Verbesserung der Energiesicherheit verwechselt werden. In vielen Fällen ist sie weder möglich, noch politisch sinnvoll. Es handelt sich vielmehr um eine politische Rhetorik. Für die vorhersehbare Zukunft wird es keine Energieunabhängigkeit geben. Energiesicherheit auf nationaler Ebene kann jedoch verbessert und ausgeweitet werden – unter der Voraussetzung, dass es gelingt, eine globale E-

nergiesicherheit herzustellen. Dies meint eine verbesserte Energiesicherheit und ein ausgeklügeltes Management der Abhängigkeiten.

8. Wesentlich wird es auch sein, das vorhandene Know-how in Energiefragen zu sichern und gegebenenfalls zeitgerecht personell zu ersetzen.
9. Die Frage der Nachhaltigkeit wird auf globaler Ebene noch wichtiger werden.
10. Entwicklungsländer kontrollieren mehr und mehr konventionelle Ressourcen und sind gleichzeitig die größten neuen Verbraucher derselben.
11. Der Blick auf die Karte wird zu ändern sein. Die geographische Konzentration von Ressourcen wird weiter und weiter von den Verbraucherzentren entfernt sein. Daraus resultieren neue Akteure und neue Allianzen.
12. Globale Ressourcen sind relativ reichlich vorhanden, jedoch hat man sich mehr und mehr mit sog. ‚above ground-Risiken' auseinander zu setzen. Diese Risikogruppe bedroht die Produktion, die Konversion und den Transport. Dabei handelt es sich z. B. um die Rolle neuer geopolitischer Allianzen, die Wichtigkeit der Versorgungssicherheit und der Preisvorhersagbarkeit, zunehmende Empfindlichkeiten in Umweltfragen, globale Transformationen, Machtverschiebungen in Gebieten mit strategischen Gütern, den Anstieg des „Ressourcennationalismus", Menschenrechte, Verteilungsgerechtigkeit, Terrorismus etc.
13. Der Klimawandel ist ein potentieller ‚game changer'.
14. Für die Nachfrage gilt weiters: "*The world is not running out of energy resources, but there are accumulating risks to continuing expansion of oil and natural gas production from the conventional sources relied upon historically. These risks create significant challenges to meeting projected total energy demand.*[140]" Um diesem Risiko entsprechend begegnen zu können, müssen alle Energiequellen ausgeschöpft werden. Jede der Quellen birgt eine Reihe von Risiken in der Exploration in sich (Sicherheit, Umwelt, Politik, Wirtschaft und Wirtschaftlichkeit). Darüber hinaus sind zusätzliche infrastrukturelle Ausstattungen zur Ausbeutung und für den Transport erforderlich.

Die wichtigsten Transportnadelöhre sind:

- Straße von Hormuz – 17 mmb/d – in die USA, die EU und nach Japan
- Straße von Malacca – 12 mmb/d – Japan, Südkorea, China und die Pazifischen Randstaaten
- Suez Kanal und Sumed – 4.2 mmb/d – in die EU und besonders in die USA
- Bab el-Mandab – 3+ mmb/d to in die USA, die EU und nach Asien
- Bosporus – 3.1mmb/d – Europa und andere westliche Staaten

Voraussetzungen zur Eindämmung bzw. Vermeidung der genannten Gefahren sind:[141]

1. Offenheit für alle verfügbaren Energiequellen und alle denkbaren Energietechnologien – ‚keep all energy options open'. Ohne Nutzung all dieser Möglichkeiten – je nach den regionalen Gegebenheiten – wird es nicht möglich sein, den auch in den nächsten 30 Jahren stark steigenden Energiebedarf
(+ 55%) zu decken.

2. Die notwendige Erschließung neuer Energiequellen sowie der Aufbau und die Unterhaltung ausreichender und effizienter Verteilungsstrukturen setzen sehr hohe Investitionen voraus. Nach Schätzung de IEA muss man mit 16 Trillionen US $ bis 2030 rechnen; für die Bereitstellung von Öl und Gas sind davon über 6 Trillionen zu veranschlagen. Gleichzeitig haben Investitionen im Energiesektor überdurchschnittlich lange Vorlaufzeiten. Damit ergeben sich Begründungsprobleme für politische Entscheidungsträger, die mit dieser Fristigkeit kaum etwas anfangen können.

3. Die Nachfrage nach Strom wächst weltweit überdurchschnittlich. Daher ist die Verbesserung und der Ersatz überalterter Kapazitäten in Industrie- und Aufbau neuer Kapazitäten in Entwicklungsländern werden immer dringender. Allein China beabsichtigt, jährlich bis zu 40.000 MW Kapazität dazu zu bauen.

4. Das erforderliche Kapital zur Finanzierung der globalen Energieinvestitionen (primär privates Kapital) ist grundsätzlich vorhanden. Wesentlich, aber nicht von vornherein gesichert ist, ob es auch tatsächlich in den Energiesektor fließt. Dies wird nur dann der Fall sein, wenn sich im Energiesektor mittel- und längerfristig wettbewerbsfähige Renditen erzielen lassen. Überzogene Regulierung darf dies nicht unterlaufen, will man die Energiezukunft und damit die wirtschaftliche Zukunft sichern. Kapital als knappes Gut muss prioritär dort eingesetzt werden, wo es den größten Nutzen bringt. Ideologie hat nur einen untergeordneten Stellenwert. So kostet die Vermeidung einer Tonne CO_2 beim Bau eines Solarkraftwerks 500–600 Euro, bei der Windenergie immerhin noch 60–70 Euro, bei einer Nachrüstung von Braunkohlekraftwerken 8–11 Euro. Dies ist ein Plädoyer für einen ausgewogenen, kosten-nutzenorientierten Ansatz.

5. Investitionen in der sog. Dritten Welt sollten mit Schwerpunkt auf verstärkte regionale Zusammenarbeit ausgerichtet sein – unter dieser Voraussetzung könnte etwa Afrika als Kontinent nicht nur Selbstversorger, sondern großer Exporteur von Energie werden und damit einen entscheidenden Beitrag zum Abbau des Armutsgefälles leisten; künftige Tendenzen der Bevölkerungsentwicklung – so muss heute in China die zu etwa 70% ländliche Bevölkerung ausreichend mit Energie versorgt werden, um die Migration in große Städte zu dämpfen, gleichzeitig muss die Politik sich aber schon heu-

te darauf einstellen, dass um 2050 der größte Teil der Weltbevölkerung in Städten leben wird.

6. Gleichzeitig geht es auf globaler Ebene darum, über 2 Milliarden Menschen erstmals den Zugang zu kommerzieller Energie (Strom) zu ermöglichen; weitere 3 Milliarden Menschen durch eine verbesserte Energieversorgung schrittweise annähernd auf das Wohlstandsniveau entwickelter Volkswirtschaften heranzuführen, und Jahr für Jahr 70–80 Millionen neugeborener Menschen mit einem Minimum an Energie zur Bereitstellung von Nahrung, Kleidung und Behausung zu versorgen.

Aufgrund laufender Untersuchungen darf man davon ausgehen, dass die ausbeutbaren Öl- und Gasreserven ziemlich stabil sind. Nach aktuellen Berechnungen wird es in den kommenden 40 Jahren ausreichend Ölreserven geben und etwa 55 Jahre Gasreserven. Der Mittlere und Nahe Osten beherbergt etwa 65% dieser Reserven an Öl, während im Gasbereich 37% in den ehemaligen Staaten der Sowjetunion und 35% im Nahen Osten lagern. Dieser *Energieellipse* kommt somit strategische Bedeutung zu.

Besonders die Off-Shore Technologie konnten in den vergangene 20 Jahren beachtliche Fortschritte machen. So wurden neue Fördertechnologien (z. B. Einsatz von 3-D; FPSO [Floating Production Storage and Offloading] and TLP [Tension Leg Platform], Horizontal and multibranch wells) die Förderungen in großer Tiefe (bis ca. 1.800 m) ermöglichen.[142]

Die Bestimmungsfaktoren der Entwicklung im Energiesektor werden in drei Gruppen unterteilt werden:

1. Faktor Wirtschaftswachstum, welcher die demographischen, institutionellen und technologischen Rückwirkungen auf das Wachstum des Bruttosozialprodukts umfasst; aufgrund des hohen Anteils des Energieträgers Öl am weltweiten Energiemix führte seit 1973 jeder länger andauernd Ölpreisanstieg (genauso wie beim Erdgas, dessen Preise an das Öl gekoppelt waren) während der beiden Folgejahre zu einem geringeren weltweiten Wirtschaftswachstum und zur Verringerung der Energieintensität. Öl trat an die Stelle von Kohle als Hauptbrennstoff und bestimmt heute direkt und indirekt den Preis jeder Energie. Ähnliches kann für die aktuelle Preiskrise nach dem Dritten Golfkrieg festgestellt werden. Die Weltbevölkerung wuchs auf mehr als 6 Milliarden Menschen; die Lebenserwartung stieg drastisch, wenn auch ungleichgewichtig an; die Verstädterung beschleunigten sich, während das demographische Gesamtwachstum sich insgesamt verlangsamte. Dies darf als Indikator für den Beginn einer Übergangsphase gedeutet werden. Bei einem Rückgang des weltweiten Wirtschaftswachstums auf ca. 3% pro Jahr führten ernste regionale Wirtschaftskrisen zu einer Verlangsamung institutioneller oder Marktreformen sowohl in Industrie- als auch in Entwicklungsländern. Neue Technologien und effizientere, neue Anlagen waren die Antwort auf einen immer stärker steigenden Ölpreis.

Dies führte zu einem geringeren Energieverbrauch pro Einheit des Bruttosozialprodukts. Die Fortschritte bei der Erweiterung des Zugangs zu kommerzieller Energieversorgung kamen zum Erliegen. Im Zentrum stehen nun die Akzeptanz von Energie und der Umweltschutzes.

2. Faktor Energienachfrage, der Art und Entwicklung des Energieverbrauchs in stationären Anwendungen, in mobilen Anwendungen und in der Stromerzeugung beschreibt und auf die jeweilige Auswirkung auf die Umwelt eingeht. Der Stromverbrauch weist im Vergleich zum Bruttosozialprodukt (in Kaufkraftparität) ein nahezu lineares Wachstum auf. Die Turbulenzen während der diversen Ölkrisen hatten keine ersichtlichen Konsequenzen für den Stromverbrauch. Dies ist auf zwei Merkmale der Strommärkte zurückzuführen: zum einen binden Strommärkte ihre Verbraucher sehr stark; zum anderen hielten sich die Strompreise über einen längeren Zeitraum relativ niedrig und stabil. Der Entwicklungstrend im Bereich der Mobilität[143] war fast so stetig wie im Strombereich.

3. Faktor Energieangebot, der die Verfügbarkeit und die Kosten von Energie berücksichtig und deren Rückwirkungen auf Preise oder auf die Aussichten für das Wirtschaftswachstum und den Energiebedarf umfasst. Die Unwägbarkeiten in den Energiemärkten, die sich aus den langen Vorlaufzeiten für Investitionen in neue Versorgungsinfrastrukturen und in Kapazitäten zur Deckung zusätzlichen Energiebedarfs oder in die Infrastruktur zum Ferntransport oder grenzüberschreitenden Transport von Energie ergeben, wirken auf die Volatilität der Energiepreise wie ein Verstärker. Das dynamische Wechselspiel von Angebot und Nachfrage kann sehr heftige Formen annehmen, da die meisten Energielieferungen (insbesondere, aber nicht nur, von Öl und Erdgas) kurzfristige Grenzkosten aufweisen, die deutlich unter den langfristigen Grenzkosten liegen.

Entwicklungstendenzen der Vergangenheit zeigen, dass

- der Zugang zu Energie eine Schlüsselrolle für die wirtschaftliche Entwicklung spielt, wobei es allerdings den Anschein hat, dass sich in den Entwicklungsländern in den letzten 30 Jahren eine Verbesserung des Zugangs zu Energieversorgung und eine Erhöhung der Zuverlässigkeit der Energieversorgung verlangsamt haben oder gar zum Stillstand gekommen sind.
- die Akzeptanz von Energie eng mit dem Energiebedarf verbunden ist. Längerfristig entwickelt sich die Nachfrage nach Energie tendenziell hin zu umweltfreundlicheren und anspruchsvolleren Formen des Energieverbrauchs; dies treibt die Primärenergieversorgung in Richtung umweltfreundlicher und vielseitigerer Brennstoffe.
- die Verfügbarkeit von Energie der Schlüssel für die ersten beiden Faktoren ist, denn anhaltende Störungen oder Krisen der Energieversorgung behindern die Wirtschaftsentwicklung und zwingen die Gesellschaft zur Anpassung an eine kostspieligere Energiewelt.

Bestimmungsfaktoren, Rückwirkungen und Ziele des Energiesektors bilden ein Interdependenznetzwerk. Eine verbesserte institutionelle Kapazität fördert das Wirtschaftswachstum, doch kann sie bei einem explosionsartigen Anstieg der Energiepreise eine Wirtschaftskrise nicht verhindern. Neue Technologien können potentiell zu erhöhter Effizienz der Energieversorgung oder zu einem verbreiterten Angebot von Versorgungsoptionen führen, doch sind diese möglicherweise teuer und erfordern kostspielige Ersatzinvestitionen. Neue Energiequellen können gefördert werden, doch sind deren Vollkosten oft höher als die bereits verfügbarer, billigerer und reichlich vorhandener Brennstoffe. Nicht zuletzt spielt das individuelle wie das kollektive Verhalten eine wichtige Rolle, z.B. Präferierung energieintensiver Verbrauchsformen wie die Nutzung von Geländewagen oder der Widerstand gegen die Weiterentwicklung bestimmter Energieträger aufgrund einer vorherrschenden, aber möglicherweise fehl informierten öffentlichen Meinung.

Daraus resultieren 5 mögliche Strategien, die in Kombination anzuwenden sind:[144]

- Moderate demand by increasing energy efficiency
- Expand and diversify energy supply
- Strengthen global and national energy security
- Reinforce capabilities to meet new challenges
- Address carbon constraints

6.2. Erdöl[145]

Erdölreserven weisen eine hohe regionale Konzentration im Nahen Osten auf. Damit ist die globale Energieversorgung geographisch stark abhängig und relativ leicht erpressbar. In den neunziger Jahren wurde deutlich weniger Zusatzvorkommen festgestellt als beispielsweise in den sechziger Jahren.

Viele der neuen Felder sind Off-Shore Felder in großen Tiefen. Die Erschließung gilt als große technologische Herausforderung, die zudem sehr kostenintensiv ist. Auch die Anzahl jener Staaten, die die neu gefundenen Felder beherbergen, ist gering. Dies drückt sich auch darin aus, dass die aktuelle Ölproduktion höher ist als der Fundzuwachs. Zudem ist die Technologie für Förderungen in großer Tiefe aus dem Meeresboden noch nicht zufrieden stellend ausgereift.[146] Die nachfolgende Aufstellung zeigt die Aufteilung der bewiesenen Weltreserven in % (ohne das im Spätherbst 2007 entdeckte Feld vor der Küste Brasiliens).

Staat/Region	Anteil an der Weltreserven in %
Mittlerer und Naher Osten	67 %
Zentral- und Südamerika	9 %
Ferner Osten und Ozeanien	4 %
Westeuropa	2 %
Nordamerika	5 %
Osteuropa und Russland	6 %
Afrika	7 %

Tab. 7: Aufteilung der nachgewiesen Ölreserven (weltweit, Basis 2004)

Im Nahen Osten gibt es eine Reihe von Schlüsselakteuren: Saudi Arabien (bereits kurz skizziert), Iran und Irak. Der Iran war etwa 2 Jahrzehnte in den amerikanischen Überlegungen ausgeblendet.[147] Die von Grund auf ambivalenten Beziehungen waren nach der Geiselaffäre unter Carter am Tiefpunkt angelangt. Die Revolution unter Khomeini führte dazu, dass der Iran aus dem amerikanischen Blickfeld driftete. Er wurde zum Paria-Staat erklärt. Ähnlich erging es dem Irak nach dem Überfall auf Kuwait (1990). Beide Staaten verfügen neben Saudi Arabien über Ölreserven, die ihnen eine starke Machtposition im internationalen Energiemarkt geben.[148]

So war es verständlich, dass unter *George W. Bush* diese beiden Staaten mehr und mehr in den Blickwinkel der amerikanischen Außen- und Sicherheitspolitik rückten. Dem Iran kommt wahrscheinlich eine höhere strategische Bedeutung zu als dem Irak, ist doch der Iran als Tor in Richtung Persischer Golf und in Richtung Zentralasien-Kaukasus (Kaspisches Becken mit sehr umfangreichen Öl- und Gasreserven).

Die ‚Pipeline-Diplomatie' der neunziger Jahre wurde vor allem nach den Ereignissen des 11. September 2001 durch eine realistische Politik abgelöst. Die neunziger Jahre dürfen als Phase der Konsolidierung und zaghaften Wiederannäherung – wohl auch auf Druck von Ölfirmen und aufgrund der verlockenden Ressourcen im Kaspischen Becken – angesehen werden. Davon ist seit Ende 2001 nichts mehr zu spüren.

Die liberal gefärbte amerikanische Außen- und Sicherheitspolitik hat wieder einen deutlich realistischen, machtpolitischen Drall erhalten. Parallel zu diesen Entwicklungen stieg – wie bereits angemerkt – der Ölbedarf der USA deutlich an. Verständlicherweise setzte man auf Diversifikation, wobei die Sicherheitsfrage dadurch mehr an Bedeutung gewann. Damit konnte man ein gewisses Maß Vorbereitetheit an den Tag legen – alleine diese gilt bereits als Prämisse, um in Hinkunft mit Energiefragen umgehen zu können.

"Given the central position of oil in the modern economy, the onset of decline threatens to be a time of great economic and geopolitical tension. It certainly means that governments are starting to address the issue seriously, and the present evaluation is offered as a reasonable starting point. The risk that it will prove to have underestimated the levels of future oil supply is certainly less than

that of entering the new world unprepared and with no appropriate policies. Certainly, countries that begin to address the issue and implement the necessary changes will find themselves enjoying huge advantages over those which continue to live in the past and have blind faith in unspecified technological solutions, or the ability of an open market to deliver.[149]"

6.3. Erdgas[150]

"*Driven by annual economic growth estimated to average 3.4% during the period 2004-2030, world energy demand (Anmerkung: for natural gas) could grow by about 1.6% p.a. on average by 2030, according to the International Energy Agency (WEO 2006). This means that by then the world will need about half as much more energy than is used today.*[151]"

Erdgas gilt als vergleichsweise reinere Energieform und wird in Zukunft eine größere Rolle spielen. Erdgas kann durch technische Verfahren auch in andere Aggregatzustände versetzt werden, die einen Transport ohne Pipelines ermöglichen. Gemeinsam ist allen Verfahren eine Volumensverringerung, wodurch sie sich unter anderem auch besser als Ersatz für Kraftstoff aus Mineralöl eignen. Man geht von folgenden Gasarten aus: Compressed Natural Gas, (CNG) (Komprimierung, Druckbehälter); Liquified Natural Gas, (LNG) (Gasverflüssigung durch Kompression und/oder Kühlung); Gas-to-Liquids (Umwandlung in flüssige Kohlenwasserstoffe). Da diese Energieform stärker gefördert wird, darf man dies als Hinweis für eine steigende Bedeutung interpretieren. Neue Technologien, der Ausbau der erforderlichen Infrastruktur, eine verbesserte Effizienz in Produktion und Verbrauch könnten ebenfalls diesen Trend verstärken. Die sicher gewinnbaren Erdgasreserven in der Welt betrugen Ende 1999 rund 135500 Mrd m^3. Ihre statische Reichweite beträgt nach wie vor gut 60 Jahre.

In diesem Energiefeld ist bemerkenswert, dass sich die Reserven nahezu gleichgewichtig in Europa (bes. in Russland) und im Nahen Osten befinden. Im Jahre 2003 wurden weltweit 2.470 Milliarden m^3 Erdgas verbraucht. Damit deckt Erdgas etwa 25% des weltweiten Energieverbrauchs. Da das Erdgas in der Regel unter hohem Druck steht, fördert es sich sozusagen von selbst, sobald das Reservoir einmal geöffnet ist. Die Anteile bei der Erdgasförderung weltweit im Jahr 2003 betrugen: Russland 29%; USA 20%; Kanada 7% und Großbritannien 4%. Die weltweit bekannten Erdgas-Reserven betrugen Ende 2003 etwa 154.000 Milliarden m^3. Diese Erdgasreserven sollten nach Hochrechnungen aus dem Jahr 2003 noch knapp 70 Jahre reichen. Dabei sind diese geschätzt wie folgt verteilt:[152]

- Europa und GUS-Staaten: 60.360 Milliarden m^3
- Asien und Australien: 12.470 Milliarden m^3
- Afrika: 11.710 Milliarden m^3
- Naher Osten: 55.430 Milliarden m^3
- Nordamerika: 7.160 Milliarden m^3
- Südamerika: 7.000 Milliarden m^3

Die Verteilung der Reserven zeigt bereits mögliche Abhängigkeiten im langfristigen Trend. Bemerkenswert ist, dass die Förderquoten der USA zurückgingen, während jene der anderen Staaten, die über Reserven verfügen, teilweise signifikant anstieg. Dies mag auch daran liegen, dass sich die Marktverhältnisse in den vergangen 25 Jahren durch neue Explorationen verschoben.[153]

Rang	Land	1980	1990	2000	2005
1.	Russland	335,000	640,600	584,000	616,500
2.	USA	547,200	498,600	543,400	550,300
3.	Kanada	69,800	106,800	166,100	180,900
4.	Großbritannien	36,500	49,600	115,000	107,700
5.	Algerien	11,600	50,600	85,000	81,000
6.	Norwegen	25,100	27,000	52,400	76,900
7.	Niederlande	96,200	71,800	67,700	72,800
8.	Indonesien	18,500	43,200	82,300	71,000
9.	Usbekistan	22,000	38,100	56,400	66,500
10.	Iran	8,300	23,700	57,000	62,600
11.	Saudi-Arabien	10,600	30,500	49,000	57,500
12.	Malaysia	1,100	18,500	34,300	56,000

Tab. 8: Erdgasranking

6.4. *Die Ölpreisentwicklung in der Langfristperspektive als Indikator für die Sensitivität der Weltwirtschaft und als möglicher Interventionsgrund*

Der Rohölpreis erreichte vor allem 2005 und 2007 bemerkenswerte Höhen, ohne vorläufig der Weltwirtschaft einen signifikanten Schaden zuzufügen. Ende 2007 wurde erstmals seit Jahrzehnten die US $ 100,-- -Marke für 1 Fass US-Leichtöl gestreift. Man konnte den Eindruck gewinnen, dass die psychologische wichtige Latte von Spekulanten bewusst angestrebt wurde.

Abgesehen von der Psychologie am Rohstoffmarkt gibt es eine Reihe von wesentlichen Gründen für die gravierenden Preisschwankungen. Einer der Hauptgründe ist der bedeutende Anstieg im Bedarf seitens der USA und Chinas. In den USA gibt es seit Jahrzehnte eine strikte Mengen- und Preisregulierung, um die Effekte auf die Wirtschaft kontrolliert durchschlagen zu lassen und eventuelle temporäre Spitzen abzufangen. Gleiches gilt für die Weltwirtschaftspreise. So lag der durchschnittliche, inflationsbereinigte Preis je Barrel von 1947-2004 bei US $ 20.94. Selbst wenn es im Herbst 2007 Tagespreise von US $ 87,-- je Barrel und mehr gab, wird sich nicht sehr viel am Durchschnittspreis in der Langfristperspektive verändern. Man sollte nicht vergessen, dass der Rohölpreis 1945 bei

US $ 2,50 bis 3.00 lag. So darf geschlossen werden, dass die Weltwirtschaft deutlich preisresistenter geworden ist und dass das starke asiatische Wachstum in den letzten Jahren die Weltwirtschaft durchgetragen und gestützt hat.

Die Energieabhängigkeit ist nach wie vor hoch, jedoch hat sich Sensitivität gegenüber Preisschwankungen und vor allem erratischen Preisbewegungen verringert.

6.5. Strategische Energietrends

Für die kommenden etwa 30 bis 50 Jahre kann man von folgenden Trends ausgehen:

1. Erdöl wird der wichtigste Brennstoff in den Energiemärkten bleiben.
2. Synthetische Brennstoffe, z.B. aus Kohleverflüssigung, nicht-konventionelle Ölressourcen oder Biomasse werden in einer Übergangsphase zur Wasserstoffwirtschaft eine zunehmende Rolle spielen.
3. Ohne den Druck, der sich aus höheren realen Energiepreisen ergibt, sind nachhaltige Effizienzsteigerungen in der Erzeugung, beim Transport, bei der Verteilung oder im Verbrauch von Energie nur sehr schwer zu erreichen.
4. In der weltweiten Emission wird die Suche nach der kostengünstigsten Strategie zur Minimierung von CO_2-Emissionen weitergehen. Dabei ist es wesentlich, dass alle Energieoptionen offen bleiben (auch die Nutzung von Nuklearenergie und von Wassergroßkraftwerken).
5. Die teilweise übersteigerten Hoffnungen in Erdgas, das allerdings ohne besondere Maßnahmen nicht in flüssiger Form wie Öl vorkommt, und die gleich hohen Erwartungen an die Wasserstoffwirtschaft zeigen noch nicht den erforderlichen Zug, um vom Erdöl wegzukommen. Der Welterdgasmarkt zeigt die Strukturen des Ölmarktes der 1970er Jahre. Für die optimale Nutzung von Wasserstoff fehlen die Kapazitäten zur preiswerten Wasserstoffherstellung; die Entwicklung einer neuen Infrastruktur ist offen. Schließlich stellt die mangelnde Verfügbarkeit von Brennstoffzellen zu wettbewerbsfähigen Preisen eine weitere große Hürde dar.
6. Die Globalisierung der Öl- und Gasmärkte hat dazu geführt, dass die Frage, wer Öl/Gas kauft und verkauft, zur bestimmenden Variable wurde. Energieunabhängigkeit ist nicht erreichbar; vielmehr muss man von Energieinterpendenz ausgehen. Dies macht die Steuerung des Marktes deutlich schwieriger. Ziel kann nur ein integrierter Weltenergiemarkt sein.

7. Die USA und ihr Öl- und Gasbedarf

7.1. Die Grundannahmen[154]

Angesichts der immer weiter wachsenden Belastungen der Energiesysteme begann Präsident *Bush* nach seinem Amtsantritt mit der Entwicklung einer umfassenden Energiepolitik, die sowohl dem Privatsektor als auch den Regierungen der Bundesstaaten und den kommunalen Verwaltungen hilft, zu einer zuverlässigen, erschwinglichen und umweltverträglichen Energieförderung und -versorgung zu gelangen. Dies gipfelte im Bericht zur Nationalen Energiepolitik, (National Energy Policy - NEP), welcher seit seiner Veröffentlichung im Mai 2001 die amerikanische Energiepolitik bestimmt.[155] Damit steht *Bush* in einer Tradition, welche sich wenigstens 35 Jahre zurückverfolgen lässt.

Ausgangspunkt der Überlegungen zum Energiebedarf der USA sind die wirtschaftlichen Rahmendaten. 2004 gelang wiederum zu einem beachtlichen BIP-Wachstum von 4.4% im Vergleich zum Vorjahr zu gelangen (2003: 3.0%; 2002: 1.9%). Der Leitzinssatz lag bei niedrigen 1.75%, die Fiskalpolitik wirkte stimulierend, wenngleich die USA in ein beachtliches Doppeldefizit hineinlief (etwa 700 Mrd. $ Handelsbilanzdefizit; Leistungsbilanzdefizit im Umfang von 6% des BIP). Die Arbeitslosenrate lag bei 5.4 %, wobei es zu einem Anstieg von 2.2 Millionen Arbeitsplätzen im Jahr 2004 kam. In der 1. Amtszeit von *George W. Bush* verlor der US$ signifikant gegenüber dem Euro und dem japanischen Yen. Trotz technologischer Fortschritte wird erwartet, dass der Anstieg des amerikanischen Energieverbrauchs von 98 Billiarden britischen Wärmeeinheiten (BTUs) im Jahr 2002 auf 136 Billiarden BTUs im Jahr 2025 ausmachen wird.

Aufgrund des langsamen Anstiegs der nationalen Energieförderung werden die Nettoenergieimporte bis zum Jahr 2025 voraussichtlich von etwa einem Viertel auf etwas über ein Drittel des amerikanischen Verbrauchs ansteigen. Ölimporte werden den Großteil der Energieimporte ausmachen und die Organisation der Erdöl exportierenden Länder (OPEC) wird aller Voraussicht nach der Hauptlieferant dafür sein. Bis zum Jahr 2025 wird sich die Fördermenge der OPEC voraussichtlich fast verdoppelt haben und der Weltmarktpreis wird aufgrund der gestiegenen Nachfrage bei 27 US-Dollar pro Barrel liegen (auf Grundlage des Dollarwertes von 2002).

Bei einem Anstieg des Bruttoinlandsprodukts von etwa 3% jährlich im gleichen Zeitraum könnte die Gesamtnachfrage nach Erdöl von rund 20 Millionen auf 28 Millionen Barrel täglich steigen. Folglich könnten die Nettoerdölimporte der Vereinigten Staaten von 53 auf 70 Prozent steigen, wobei ein Großteil dieser Ölimporte aus der Region am Persischen Golf kommen wird. Da die Kapazitäten der amerikanischen Raffinerien durch Regulierungen und wirtschaftliche Zwänge eingeschränkt werden, wird der Importanteil raffinierter Produkte bis zum Jahr 2025 auf etwa 20% der gesamten Nettoölimporte ansteigen.

Zu beachten ist auch, dass Energieimporte etwa 11% des Gesamtimportvolumens der USA ausmachen, während Energieexporte eine verschwindend kleine Kategorie sind. Wenngleich ein Großteil des Erdgasbedarfs der Vereinigten Staaten durch nordamerikanische Produktion gesichert ist, geht auch hier der Trend zu einem Anwachsen des Importanteils aus Ländern außerhalb der westlichen Hemisphäre. Auch wenn immer mehr Energie gespart wird, werden die

Vereinigten Staaten weiterhin stark von Energieimporten abhängen, um den zukünftigen Verbrauch decken zu können. Um die Energieversorgung für die USA sicherzustellen, erweitern und vor allem diversifizieren die Vereinigten Staaten die vom Import betroffenen Energiearten und -quellen. Erhöhte Investitionen, Erschließung und Entwicklung unterstützen dieses Ansinnen, das weit über die Grenzen der traditionellen Energiemärkte hinausgeht.

Ziel neben der Neuerschließung und Diversifikation ist es, auch den Dialog mit den wichtigsten Erzeuger- und Verbraucherländern zu intensivieren, um so einer Unterbrechung von Energielieferungen präventiv zu begegnen und damit eines der Grundprobleme, nämlich das Auseinanderklaffen von Angebot und Nachfrage, in Griff zu bekommen. Wenn die Wirtschaft so stark wie im Durchschnitt der letzten zehn Jahre wächst, so kann man annehmen, dass die Nachfrage das Angebot in den kommenden 20 Jahren übertrifft.

Dies bedeutet, dass man in eine erhöhte Abhängigkeit geraten kann und sich daher sinnvoller Weise um Alternativen umsieht – dies hat man in der energiepolitischen Grundsatzentscheidung bereits getan. Besonders interessant ist dabei die prognostizierte Verbrauchsverteilung in den USA: Der Mittelwesten gilt aufgrund seiner Industriestruktur mit seinen hohen Wachstumsraten (vor allem im Transportbereich) als Angelpunkt für energiepolitische Überlegungen. Der Westen der USA hat neben hohen Wachstumsraten im Transportbereich die möglichen klimatischen Schwankungen (insb. Trockenheit) zu berücksichtigen. Der pazifische Nordwesten muss immer wieder auf Wasserknappheit durch Trockenheit und damit auf zu wenig Wasser für die Energieproduktion eingestellt sein. Der Energieverbrauch im Nordosten wird durch den Transportsektor maßgeblich beeinflusst.

Prognosen der ‚Energy Information Administration' zeigen deutlich, dass dieser Bereich seinen Einfluss noch ausbauen wird (Zieljahr 2020).[156] Zu beachten sind auch noch Belastungen durch Emission von Fahrzeugen und Kraftwerken. Die Energieversorgung in diesem Gebiet ist traditionell aufgrund beschränkter elektrischer Möglichkeiten und des Engpasses im Energietransportbereich problematisch. Der Energieverbrauch im Süden wird durch den Industrie- und den Transportsektor dominiert. Bis 2020 wird der Industriebereich stärker als der Transportbereich wachsen. Unter diesen Bedingungen sind Preisentwicklungen (wie z. B. 2005 bei Rohöl geschahen) von entscheidender Bedeutung, da sie einen hohen Einfluss auf das reale Wirtschaftswachstum haben.

7.2. Rahmendaten für Erdöl

Die Vereinigten Staaten verbrauchen täglich etwa 20 Millionen Barrel Erdöl (= ein Viertel der Weltproduktion). Zirka 52% werden importiert. 25 Prozent des Imports stammt aus dem Mittleren Osten.

Die USA verfügen über 21.9 Milliarden Barrels nachgewiesener Ölreserven (die 11. größten Reserven mit Stand Jänner 2005). 80% dieser Reserven sind auf vier Bundesstaaten konzentriert (inklusive der Reserven am Kontinent und Off-

Shore-Vorkommen): Texas 22%, Louisiana 22%, Alaska 20%, Kalifornien 18%. Seit 1990 sind die nachgewiesenen Reserven um 17% zurückgegangen. Die Rohölförderung pendelte sich Mitte der neunziger Jahre ein und fiel 1997/98 wieder, als der Ölpreis rasant anstieg. 2004 produzierten die USA etwa 7.8 Millionen Barrel pro Tag an Öl, wobei 5.7 Millionen bbl/d Rohöl waren und der Rest sich auf Erdgas und andere flüssige Brennstoffe aufteilte. 2003 fiel die Gesamtförderung um etwa 26% und hat sich 2004 auf dem niedrigsten Niveau seit 50 Jahren eingependelt.[157]

Es zeigt sich die Umkehrung der Importes und der inländischen Förderung. 2004 waren folgende Regionen die Spitzenfördergebiete: Golf von Mexiko (1.6 Millionen bbl/d); Texas onshore (1.1 Millionen bbl/d); Alaska's North Slope (949,000 bbl/d); Kalifornien (683,000 bbl/d); Louisiana onshore (244,000 bbl/d); Oklahoma (178,000 bbl/d); Wyoming (143,000 bbl/d). In den vergangenen Jahren stellte sich die Hochseeproduktion (‚deepwater areas') im Golf von Mexiko als besonders lukrativ und ergiebig heraus. Sie macht mittlerweile zwei Drittel der Golfproduktion aus. Große Felder umfassen u. a. ExxonMobil's $1.1 Milliarde Hoover-Diana development, einige BP-Projekte (Atlantis project, Thunder Horse), Shell (Crosby), BP (Holstein, King, King's Peak) BHP (Mad Dog, Marlin) und ein Gemeinschaftsprojekt von Shell und BP (Nakika). BP plant das Mardi Gras deep-sea pipeline system. Im Juni 2003 gab Unocal bekannt, dass es einen Hochseehaften bauen wird (Bulk Oil Offshore Transfer System [BOOTS]) der vom Golf von Mexico 100 Meilen südlich von Beaumont, TX angesiedelt sein wird. Das BOOTS-System wird die Raffinerien Houston/Texas City, Beaumont/Port Arthur und Lake Charles verbinden. Die USA importieren durchschnittlich 13 Millionen bbl/d im Jahr 2004. Rohöl aus dem Persischen Golf umfassen durchschnittlich 2.5 Millionen bbl/d (2004). Insgesamt importierten die USA im Jahr 2004 von Kanada (1.6 Millionen bbl/d), Mexiko (1.6 Millionen bbl/d), Saudi Arabien (1.5 Millionen bbl/d), Venezuela (1.3 Millionen bbl/d) und Nigeria (1.1 Millionen bbl/d).[158]

2005 lag der Rohölkonsum bei durchschnittlich 20.4 Millionen bbl/d (20.0 Millionen bbl/d 2003). Benzin nahm dabei den größten Teil ein (9.0 Millionen bbl/d oder 44%). Für 2006 wird ein Anstieg um 1.4% (280,000 bbl/d) vorgesagt, wobei der Durchschnitt bei 20.7 Millionen bbl/d liegen wird. Dies ist auf das geringere Wirtschaftswachstum und die relativ hohen Öl- und Ölproduktepreise zurückzuführen. Um einen gewissen Energiepolster zu haben, wurde im Dezember 1975 die Strategische Ölreserve (‚Strategic Petroleum Reserve' [SPR]) unter dem ‚Energy Policy and Conservation Act' (EPCA) fixiert. Die SPR umfasst eine Reserve von bis zu 1 Million Barrel. Sie sind in mehreren Salzkavernen entlang der Küste des Golfs von Mexiko gelagert.[159]

„The first crude oil was delivered to the SPR in 1977 and stored at the West Hackberry storage site near Lake Charles, LA. Other major storage sites include: Bryan Mound and Big Hill in Texas and Bayou Choctaw in Louisiana, with a total storage capacity of 700 million barrels. In mid-November 2001,

President Bush directed the Department of Energy (DOE) to fill the SPR to its capacity of 700 million barrels to "maximize long-term protection against oil supply disruptions." Under the DOE plan, the SPR is to be filled with "royalty in kind" (RIK) oil. As of October 21, 2004, the SPR contained around 670 million barrels of oil -- the largest emergency oil stockpile in the world. The SPR has a maximum drawdown capability of 4.3 million bbl/d for 90 days, with oil beginning to arrive in the marketplace 15 days after a presidential decision to initiate a drawdown. The SPR drawdown rate declines to 3.2 million bbl/d from days 91-120, to 2.2 million bbl/d for days 121-150, and to 1.3 million bbl/d for days 151-180.“

Die SPR wird nur selten angegriffen. Das letzte Mal geschah nach dem Hurrikan Ivan, der große Schäden im Golf von Mexiko anrichtete und Teil der Ölförderung unterbrach. Vorher wurde auf die SPR 1985, 1990, 1991, and 1996-97 zurückgegriffen. In diesem Fall wird in einem Bestbieterverfahren das Öl in Tranchen verkauft.

Die Regierung *Bush* hat von Beginn an die Bedeutung einer großen strategischen Ölreserve betont. Im November 2001 veranlasste der Präsident die Aufstockung der Strategischen Ölreserve 670 Millionen Barrel. Ferner engagieren sich die Vereinigten Staaten aktiv bei der Internationalen Energie-Agentur (IEA), deren 26 Mitgliedsstaaten sich zur Lagerung von Notfall-Ölreserven und zur Ergreifung gemeinsamer Maßnahmen im Falle eines Notstands in der Ölversorgung verpflichtet haben. Insgesamt betragen die Ölvorräte der IEA-Mitglieder fast 4 Milliarden Barrel, von denen 1,4 Milliarden Barrel der direkten Kontrolle der Regierungen der Mitgliedsstaaten unterstehen. Der Rest befindet sich in gewerblicher Lagerung.

Ölangebot und Ölnachfrage werden mehr und mehr auseinander driften.[160] In den kommenden 20 Jahren wird die Ölnachfrage um mehr als 6 Millionen bbl/d steigen. Wenn die amerikanische Ölproduktion demselben Muster der vergangenen 10 Jahre folgt, wird die Produktion um 1,5 Millionen bbl/d fallen. Um der Ölnachfrage gerecht zu werden, müssen 7,5 Millionen bbl/d an Öl und Ölprodukten importiert werden. Im Jahr 2020 wird unter dieser Annahme die amerikanische Ölindustrie weniger als 30% der Nachfrage befriedigen können. Dies bedeutet im Umkehrschluss eine 70%ige Importabhängigkeit und damit eine erhöhte Versorgungsabhängigkeit und Verwundbarkeit.

7.3. Rahmendaten für Erdgas

Mit Stichjahr 2004 haben die USA Gasreserven von 187 Trillionen m^3 oder 3.1% der Weltgasreserven (damit ist man an 6. Stelle). Der Gaskonsum lag 2004 bei etwa 22.0 m^3. Importiert wurden 4.1 Trillionen m^3. Mehr als 80% der Importe erfolgen aus Kanada (primär aus Alberta, British Columbia und Saskatchewan). Die USA hängen zu 24% von Erdgas im Primärenergiebedarf ab (Öl 40%; Kohle 23%). Im Trockengassektor kann die USA auf steigende Eigenversorgungswerte verweisen; im Flüssiggasbereich hingegen gehen die Wachstumsraten nur moderat voran. Eine deutlich gesteigerte Eigenförderung gekoppelt mit Importen sind in den kommenden zwei Jahrzehnten unabdingbar, um den wirtschaftlichen Anforderungen gerecht zu werden.

Steigerungen sind vor allem aus Quellen im Golf von Mexiko zu erwarten. Die North Slope-Felder in Alaska sind ein weiteres großes Potential. Die große Herausforderung liegt darin, das Gas auf den Markt zu bringen, d. h. es ist eine logistische Herausforderung.

Eine Möglichkeit ist eine $20 Milliarde teuere Gaspipeline, die 3,500 Meilen von den North Slope Feldern entlang des Alaska Highway nach Alberta und weiter zum amerikanischen Mittelwesten verläuft. Das Projekt wird heftig aufgrund der Kosten diskutiert und ist noch nicht entschieden.

Kurzfristig werden gesteigerte Förderraten von 48 Quellen in Texas, Neumexiko, Oklahoma, Wyoming, Louisiana, Colorado, Alaska, Kansas, Kalifornien und Alabama kommen. Der Gasverbrauch in den USA stieg von 1990 bis 2003 um 15% (wenngleich es einen kurzfristigen Rückgang 2003 gab, als der Gaspreis drastisch anstieg).

Aufgrund des gestiegenen Wirtschaftswachstums stieg auch der Gaskonsum. Für 2005 wird ein Anstieg von 5% vorausgesagt. Erdgas wird hauptsächlich von der Industrie (37%) konsumiert. 23% fließen in elektrischen Strom, 22% für Heizungen in Wohnungen und 14% werden am kommerziellen Sektor verbraucht.

Für die kommenden Jahrzehnte wird mit einer drastischen Ausweitung des Gaskonsums gerechnet, wobei Kanada das Hauptimportland bleiben wird. Flüssiggas wird zu geringen Teilen aus Trinidad, Algerien und Qatar importiert werden. Es ist damit zu rechnen, dass auch das Verteilungs- und Transportnetz massiv ausgebaut werden wird müssen.

Zurzeit gibt es ein Pipelinenetz von 226 Einzelpipelines in einer Gesamtlänge von mehr als 306.000 Meilen. Es gibt etwa 400 Lager unter der Erde, die von 127 Unternehmungen betrieben werden. Zurzeit gibt es fünf Hauptpipelines für Gas:

- Gulfstream Pipeline, 1,130 MMcf/d–560 Meilen (vom Golf von Mexiko zur Verarbeitung zu den Küsten von Mississippi und Alabama und West-Florida).
- North Baja Pipeline, 500 MMcf/d–80 Meilen (Export von Gas für Kraftwerke nach Baja California, Mexiko).
- Questar Southern Trails Pipeline, 87 MMcf/d–405 m Meilen (von den vier Eckpunkten von New Mexico/Utah (San Juan Basin) an die Grenze von Kalifornien/Arizona)
- Guardian, 750 MMcf/d–142 Meilen

- Horizon, 380 MMcf/d—29 Meilen (beide operieren zwischen dem Chicago (Illinois) Terminal und den wachsenden Märkten in Nord-Illinois und im Süden von Wisconsin.

Ferner gibt es seit 2000 die 1.3-Bcf/day die Alliance Pipeline von West-Kanada (Fort St. John, British Columbia) in das Gebiet von Chicago. Mit 1875 Meilen ist es die längste Gaspipeline in Nordamerika. Die amerikanischen und kanadischen Gasnetze sind stark verbunden, da dies aufgrund des hohen U.S.-Bedarfs ebenso notwendig ist. Besonders im Nordwesten, dem Mittleren Westen, dem Pazifischen Nordwesten und in Kalifornien zeigt sich eine hohe Verbindung zwischen den Netzen. Der Gaspreis hat in den vergangenen Jahren dramatische Schwankungen erlebt. 2000/2001 lag er bei fast $10.00 per thousand cubic feet (mcf), fiel aber bald auf etwa $2.50 per mcf. Ein kalter Winter 2002/2003 im Nordosten und Mittleren Westen führte wieder zu einem Preisanstieg – auch weil die Gaslagerung relativ leer waren und aufgrund des kalten Wetters die Pipelines nur bedingt operieren konnten. Zurzeit hält sich der Preis bei etwa $6.00 per mcf. Für die Erdgasnachfrage gilt ein ähnliches Entwicklungsmuster wie für Erdöl. In den kommenden 20 Jahren wird der Gasverbrauch um 50% steigen. Gleichzeitig wird die Gasproduktion in den USA nur um 14% zunehmen – vorausgesetzt sie wächst wie in den vergangenen 10 Jahren. Damit ergeben sich eine Doppelabhängigkeit und eine doppelte Verwundbarkeit.

7.4. Andere Energieträger

Strom ist eine Sekundärenergiequelle, welche durch Verbrauch oder Primärquellen generiert wird. Kohle und Atomenergie machen etwa 75% der amerikanischen Elektrizität aus. Neben den beiden genannten Quellen kommen Kohle, Wasserkraft und Atomkraft zur Anwendung. Für elektrische Energie werden zu 53% Kohle verwendet. 21% werden atomar hergestellt; 15% über Erdgas, 7% über Wasserkraft und 3% mit Öl. Nahezu 40 % der amerikanischen Atomenergie wird in 5 Staaten generiert: Illinois, Pennsylvania, South Carolina, North Carolina und New York. Die durchschnittliche Nutzungsrate für alle Nukleareinrichtungen stieg von 66% im Jahr 1990 auf über 90% in Jahr 2002. Ausschlaggebend für den vermehrten Einsatz von Atomenergie war die Ölkrise von 1973. Seither hat sich die Produktion von Nuklearenergie verneunfacht.

Die Quellen für Strom speisten sich im Basisjahr 2000 aus folgenden Quellen (die Tendenz gilt nach wie vor):[161]

Quelle	Anteil in Prozent
Kohle	52 %
Atomenergie	20 %
Gas	16 %
Wasser	7 %
Öl	3 %
Erneuerbare Energien	2 %

Tab. 9: Energiequellen (Basis 2000)

Hinsichtlich erneuerbarer Energien hätten die USA in vielen Bundesstaaten die Möglichkeit, entsprechende Nutzungen vorzusehen.

7.5. Zusammenfassende Schlüsseldaten[162]

Proven Oil Reserves (1/1/05E) (*Oil and Gas Journal*): 21.9 billion barrels

Oil Production (2003E): 7.8 million barrels per day (bbl/d), davon 5.7 million bbl/d Rohöl

Oil Production (January-October 2004E): 7.7 million barrels per day (bbl/d), davon 5.4 million bbl/d Rohöl

Oil Consumption (2003E): 20.0 million bbl/d; **(January-October 2004E):** 20.4 million bbl/d

Net Oil Imports (2003E): 11.2 million bbl/d (56% of total consumption); **(January-October 2004E):** 11.8 million bbl/d (58% des Gesamtverbrauchs)

Gross Oil Imports (2003E): 12.2 million bbl/d (davon 9.6 million bbl/d Rohöl und 2.6 million bbl/d Ölprodukte)

Crude Oil Imports from the Persian Gulf (2003E): 2.4 million bbl/d; **(January-October 2004E):** 2.4 million bbl/d

Top Sources of U.S. Crude Oil Imports (January-October 2004E): Kanada (1.61 million bbl/d); Mexiko (1.59 million bbl/d); Saudi Arabien (1.48 million bbl/d); Venezuela (1.29 million bbl/d); Nigeria (1.09 million bbl/d)

Value of Gross Oil Imports (2003E): $132.4 billion (up from $102.7 billion in 2002); **(January-September 2004E):** $127.0 billion

Crude Oil Refining Capacity (1/1/05E) (*Oil and Gas Journal*): 16.8 million bbl/d (132 Raffinerien)

Total Oil Stocks (12/10/04): 1.65 billion barrels (inkl. etwa 673 million barrels Strategic Petroleum Reserve)

Oil Wells Drilled (2003): 6,284 (down from 8,060 during 2001); **(January-September 2004):** 4,391

Operating Oil and Natural Gas Rotary Rigs in Operation (10/04E): 1,163 (1,068 Gas und 161 Öl)

Natural Gas Reserves (1/1/05E) (*Oil and Gas Journal*): 189 trillion cubic feet (Tcf)

Dry Natural Gas Production (2002E): 19.0 Tcf; **(2003E)**: 19.1 Tcf; **(2004F)**: 18.7 Tcf

Natural Gas Consumption (2002E): 23.0 Tcf; **(2003E)**: 21.9 Tcf; **(2004F)**: 21.9 Tcf

Gross Natural Gas Imports (2002E): 4.0 Tcf (94% from Canada); **(2003E):** 4.0 Tcf (87% from Canada); **(2004F):** 4.1 Tcf

Natural Gas Wells Drilled (2003E): 19,722 (up from 16,155 in 2002 but down from 22,083 in 2001); **(Jan.-Sep. 2004E):** 17,256

Recoverable Coal Reserves (12/31/98): 275.1 billion short tons (54% lignite and sub bituminous; 46% anthracite and bituminous)

Coal Production (2002E): 1,094 million short tons (Mmst); **(2003E):** 1,072 Mmst; **(2004F)**: 1,105 Mmst

Coal Consumption (2002E): 1,066 Mmst; **(2003E):** 1,095 Mmst; **(2004F)**: 1,102 Mmst

Gross Coal Exports (2002E): 40 Mmst; **(2003E):** 43 Mmst; **(2004F)**: 51 Mmst

Gross Coal Imports (2002E): 17 Mmst; **(2003E):** 25 Mmst; **(2004F)**: 27 Mmst

Primary and Secondary Coal Stocks (closing; 8/04E): 150 Mmst (compared to 164 Mmst in 8/03)

Electric Net Summer Installed Capacity (2002E): 905 gigawatts (76% thermal-fired, 11% nuclear; 11% hydroelectric, and 2% "renewables")

Net Electricity Generation (2002E): 3,858 billion kilowatthours (Bkwh); **(2003E)**: 3,848 Bkwh; **(2004F)**: 3,921 Bkwh

Electricity End Use Consumption (2002E): 3,641 Bkwh; **(2003E):** 3,674 Bkwh; **(2004F):** 3735 Bkwh

8. Eine Zwischenbeurteilung

Als größter Binnenmarkt in einem integrierten globalen Energiesystem beeinflussen die Vereinigten Staaten globale Entwicklungen und werden von diesen beeinflusst. Folglich spielt die amerikanische Energiepolitik eine entscheidende Rolle bei der Sicherung der globalen Energieversorgung (Sicherung der Nichtunterbrechung von Öl- und Gaslieferungen). Die Vereinigten Staaten importieren ca. 52%. Wiederum 25% des Imports, oder ein Achtel des gesamten US-Verbrauchs, stammen aus dem Mittleren Osten.

Da man annehmen muss, dass die Importquote weiter ansteigen wird, hat die Regierung *Bush* eine Diversifizierungs- und Kooperationsstrategie festgelegt. In dieser Betrachtung ist auch wesentlich, dass die Erschließung neuer Öl- und Gasquellen zu einem Hauptziel der großen Spieler wurde, da man aufgrund der globalisierten Wirtschaft auf Kontinuität in der Versorgung angewiesen ist. Ferner waren die USA noch nie derart abhängig von Energieimporten wie zu Beginn des 21. Jahrhunderts. Man kann davon ausgehen, dass sich dieser Trend langfristig verstärken wird.

Mittelfristig wird der Broader Middle East schon aufgrund der traditionellen, teilweise Jahrzehnte langen Beziehungen eine entscheidende Rolle im Öl- und Gasgefüge spielen. Es erscheint wahrscheinlich, dass die asiatischen, europäischen und amerikanischen Volkswirtschaften aufgrund ihres jeweils steigenden Energieverbrauchs besonders von den Quellen am Persischen Golf bzw. im Mittleren und Nahen Osten abhängig werden.

Daher ist liegt es auf der Hand, diesem Bogen, der zusätzlich ein hohes Maß an aktiven und eingefrorenen Konflikten, welche von latenten Konfliktpotentialen überlagert werden, ein erhöhtes Maß an Aufmerksamkeit zuzubilligen. Die Kristallisationspunkte dieser Aufmerksamkeit sind u. a. in der Broader Middle East and North Africa Initiative manifest gemacht.

9. Die Broader Middle East and North Africa Initiative (BMENA): Ein amerikanischer Gestaltungsansatz

„The Broader Middle East and North Africa Initiative (BMENA) is a multilateral development and reform plan aimed at fostering economic and political liberalization in a wide geographic area of Arab and non-Arab Muslim countries. ... "On June 9, 2004, the White House published the Broader Middle East and North Africa (BMENA) initiative to support political, economic, and social freedom, in partnership with the eight industrialized nations (G-8). BMENA proposed a U.S.-European framework for the promotion of democracy, a new democracy fund, and a regional forum for dialogue. The participants supported democratic, social, and economic reforms emanating from the region and committed themselves to cooperate with the region's governments as well as business and civil society representatives. In addition, they stated that regional conflicts must not be an obstacle to reform, that change should not be imposed from outside, and that each society would reach its own conclusions about the pace and scope of change. These last two elements reflected recognition by the U.S. and its European partners of the limits of their initiative, and internalized the negative reaction and the reluctance of Arab governments to accept the initial proposals.[163]"

Der Broader Middle East - die Region vom nordafrikanischen Krisenbogen bis in den Mittleren und Nahen Osten (dies ist ausdrücklich ein amerikanischer Begriff der aktuellen Regierung und wurde von dieser inhaltlich festgelegt) – war von Beginn an ein wesentlicher Teil der Außen- und Sicherheitspolitik von *George W. Bush* – nicht nur aus energiepolitischen Gründen. Der Begriff wird in der amerikanischen Politik mit einem anderen Begriffsinhalt versehen als dies beispielsweise in der politischen Geographie der Fall ist – allgemein nimmt man an, dass der Bogen sich von Marokko bis Pakistan erstreckt und muslimische Staaten umfasst. Die Begründung für die inhaltliche Abweichung liegt in der historischen Verwendung seitens amerikanischer politischer Entscheidungsträger.

Bei der Unterstützung des Reform- und Modernisierungsprozesses im Nahen Osten und in Nordafrika geht es nicht nur um die Förderung gemeinsamer Werte oder die Sicherung der Menschenrechte, sondern es geht auch um vitale amerikanische Interessen. Präsident *George W. Bush* erklärte:

„Wenn die gesamte Region das Versprechen von Freiheit in ihrer Mitte sieht, wird die terroristische Ideologie immer mehr an Bedeutung verlieren, bis sie eines Tages mit Verachtung betrachtet oder vollkommen ignoriert wird."

Die typisch amerikanische Sichtweise, die aus europäischer Sicht gerne als naiv bezeichnet wird, bildet eine Art ‚roten Faden' in der aktuellen amerikanischen Mittel- und Nahostpolitik. Die GMEI ist ein integraler, wenngleich nicht besonders wirksamer Puzzlestein im Gesamtbild.

Bush sieht alle vorgeschlagenen Initiativen als Teil seines Kampfes gegen den Terrorismus. Dieser Eindruck mag im Frühjahr 2004 entstanden sein, als die von den USA lancierte ‚Greater Middle East Initiative' (GMEI), der Vorläufer der BMENA, primär in arabischen Medien heftig debattiert wurde. Die historische Genese der Initiative ist von einigen Vorwärts- und Rückschritten gekennzeichnet. Sie ist ein sehr gutes Abbild der Verhältnisse in der Großregion: Zwischen großen Hoffnungen und tiefster Enttäuschung ist alles möglich. So ist auch nicht verwunderlich, dass die Initiative im Februar 2004 nach einer heftigen Debatte in der arabischen Welt eine von der U.S.-Administration nicht erwünschte negative Aufmerksamkeit erregte. Dabei lief nichts geheim oder hinter den politischen Kulissen ab. Die Initiative wurde bereits im Dezember 2002 unter dem Titel ‚Middle East Partnership Initiative' von *Richard N. Haass*, damaliger Director des Policy Planning Staff, State Department, in einer Rede vor dem Council of Foreign Relations vorgestellt.[164]

„People in the broader Middle East seek greater freedom and opportunity, and a growing community of reformers in the region has emerged with new energy and ideas to make these aspirations a reality. The United States strongly supports the reformers who are working to build a more peaceful and prosperous Middle East. One tangible demonstration of support is President George W. Bush's Middle East Partnership Initiative, which has devoted more than $ 293 million in four years to reform efforts -- so democracy can spread, education can thrive, economies can grow, and women can be empowered. Middle East Partnership Initiative (MEPI) funding goes directly to partners such as non-governmental organizations, businesses, and universities. Since 2002, MEPI has set in motion more than 350 programs in 16 countries and the Palestinian territories through its offices in Washington, Tunis, and Abu Dhabi. MEPI investments are in addition to billions of dollars in bilateral assistance the U.S. provides annually to the Middle East.[165]*"*

Auch Außenminister Colin Powell erwähnte im Dezember 2002 in einer Rede vor der ‚Heritage Foundation' (ein traditioneller republikanischer Think Tank) die Initiative, in der er arabische Staaten ermutigten, Reformen zu starten, die

Bürgergesellschaft zu stärken, kleine Unternehmen zu fördern, die politische Beteiligung auszubauen und die Rechte der Frauen zu stärken.[166]

Ein knappes Jahr später bezog sich auch US-Präsident *Bush* auf die Initiative in seiner Rede vor der ‚National Endowment for Democracy' (eingebettet in seine ‚forward strategy of freedom', ein Konzept, das den Frieden und die Sicherheit im Nahen Osten fördern soll, indem es die Etablierung von Freiheit, die Förderung von Demokratie und Menschenrechten propagiert und konkret unterstützt).[167] „... *[T]he United States has adopted a new policy, a forward strategy of freedom in the Middle East. This strategy requires the same persistence and energy and idealism we have shown before. And it will yield the same results. As in Europe, as in Asia, as in every region of the world, the advance of freedom leads to peace."*

Es folgten weitere Referenzen in diversen Reden, so zum Beispiel in der State of the Union Address vom Januar 2004 oder seitens Dick Cheneys vor dem Weltwirtschaftsforum in Davos wenige Tage danach. Auch im Zuge zahlreicher transatlantischer Kontakte wurde die Wichtigkeit der Stabilisierung und Demokratisierung des Greater Middle East betont. Nach den teilweise überzogenen Reaktionen und der nicht eben geglückten Veröffentlichung wurde die Initiative zurückgestellt und überarbeitet.[168] Im Rahmen des G-8 Gipfels von Sea Island Anfang Juni 2004 gelang es, den Schaden zu begrenzen und eine ‚Partnership for Progress and a Common Future with the Region of the Broader Middle East and North Africa' ins Leben zu rufen, die auf beachtliche Unterstützung stieß.

Die Partnerschaft (zuerst unter dem Akronym GMEI und dann unter BMENA-Initiative bekannt geworden) bezieht sich in der Struktur auf die Helsinki Beschlüsse von 1975 und auf die von der EU lancierte MEDA-Initiative (Barcelona-Prozess). Die inhaltliche Basis bilden der UNDP Arab Human Development Report aus dem Jahr 2002 (und sein Update von 2003).[169]

Der Report ist bemerkenswert, weil Wissenschafter und Experten aus betroffenen Staaten sehr kritisch den Istzustand beschreiben und Lösungsvorschläge unterbreiten. Diese Vorschläge beziehen sich auf Staaten mit muslimischer und nicht-muslimischer Bevölkerung im mehrfach angeführten Staatenbogen.[170] Bemerkenswert ist auch, dass der Report ein wachsendes Bewusstsein für die Bedeutung der katalytischen Rolle der Wirtschaft in der Region brachte. Diese Selbstanalyse umfasst u. a. eine mangelnde Integration in das globale Wirtschaftssystem, nicht ausreichende ausländische Investitionen, infrastrukturelle Defizite, hohe Arbeitslosigkeit, eine ausgeprägte Bürokratie mit umfangreicher Korruption, weit reichende Bildungsdefizite, hohe Ungleichheiten zwischen Mann und Frau etc. Das BIP-Wachstum, Investitionen und die Produktivität gingen in den vergangenen dreißig Jahren zurück. Die Weltbank schätzt, dass in der Großregion etwa 100 Millionen neue Arbeitsplätze bis 2020 geschaffen werden müssen, um mit der wachsenden Bevölkerung und den daraus resultierenden Bedürfnissen auch nur einigermaßen Schritt halten zu können. Die

GMEI war ursprünglich nach dem Muster des Helsinki-Abkommens (1975) mit seinen drei Körben modelliert. Eine weitere Richtlinie bildete die Mittelmeerinitiative der EU (MEDA).

Mittlerweile ist man davon abgerückt und bescheidener geworden. Das Ziel der GMEI war die Überbrückung der politischen und wirtschaftlichen Defizite und der Mängel im Erziehungs- und Bildungsbereich zwischen der arabischen Welt und den USA.

Die GMEI hatte vier große Ziele:[171]

Political Pillar:

- Strengthen democratic practices, electoral systems, including political parties and parliamentarians.
- Support an expanded public space where democratic voices can be heard in the political process.
- Strengthen the role of free and independent media in society.
- Promote the rule of law and accountable, effective government and judicial institutions.

Economic Pillar:

- Encourage mobilization of foreign direct and domestic investment and facilitate revenue and employment growth of micro-enterprises and SMEs.
- Advance private sector job creation.
- Enhance MEPI partner countries' global competitiveness.

Education Pillar:

- Expand access to basic and post secondary education for all people, especially girls and women.
- Improve the quality of basic and post secondary education including teacher training, curriculum content, community empowerment, and digital readiness.
- Promote the development of employable skills.

Women's Empowerment Pillar:

- Support the elimination of arbitrary legal systems and provide women with the skills and tools required to help build strong judicial institutions.
- Increase the level of women's participation in building democratic pluralistic societies, through both political representation and civil society strengthening.
- Assist local reformers in their struggle for women's rights, facilitating their organization and expanding their impact.

- Provide access and opportunity to women in an effort to enhance their marketable skills, gain economic independence, and increase the power of the private sector in building a democratic society.

Somit werden die vier Eckpfeiler einer funktionierenden Großregion von der GMEI angesprochen. Es handelt sich um eine langfristige Aktion, die nur dann erfolgreich sein wird, wenn sie auch von den betroffenen Staaten getragen wird. Das Bewusstsein, etwas tun zu müssen, ist in diesen Staaten weitgehend vorhanden. Die Bereitschaft hingegen, tatsächlich aktiv zu werden und für so manches Regime auch unangenehme Schnitte zuzulassen (Machtverluste sind inbegriffen), lässt zu wünschen übrig. Die USA und auch Europa werden hier noch einiges an außerpäkuniärer Überzeugungsarbeit zu leisten haben, will man Grundwerte wie Freiheit und Gleichheit auf globaler Ebene durchsetzen, Vorbildarbeit inbegriffen. Das US-Arab Economic Forum in Detroit im September 2003 ist in diesem Kontext zu sehen. Es folgte in den Jahren 2004, 2005 und 2006 eine Reihe von weiteren Initiativen arabischer Staaten, um den Prozess einer gesamtgesellschaftlichen Transformation in Gang zu bringen.[172]

Die Kerninhalte sind folgende drei Schlüsselbereiche:

- Förderung von good governance
- Etablierung einer wissensbasierten Gesellschaft
- Ausweitung wirtschaftlicher Möglichkeiten

Damit sind drei große Defizitbereiche angesprochen: Der ökonomische Bereich, in dem es neben strukturellen auch soziale Defizite auszugleichen gilt. Dabei geht es primär um die Förderung von Reformen, zum Beispiel um die Schaffung von rechtlichen Rahmenbedingungen, die eine global wettbewerbsfähige Wirtschaft ermöglichen und um die Neustrukturierung des privaten und des öffentlichen Sektors. Der politische Bereich, in dem es um den Ausgleich von teils gravierenden Defiziten in den individuellen Freiheiten und in den persönlichen Grundrechten geht. Ziel ist die Entwicklung einer arabischen Zivilgesellschaft. Ferner sollen Medienentwicklung, die Partizipation am politischen Leben und die Förderung der Frauenrechte in Angriff genommen werden. Der Erziehungs- und Bildungsbereich, wo neben dem Mangel an adäquaten Ausbildungsstätten besonders große Lücken in der Ausbildung junger Menschen zu konstatieren sind, so schrittweise aufgebaut werden. Vor allem daraus resultierende Defizite haben in den vergangenen Jahrzehnten zu Frustration und Orientierungslosigkeit der immer stärker wachsenden Bevölkerung in arabischen Staaten geführt.

Die Förderung dieses „interdependenten Dreiecks an Variablen" ist ein Langzeitprojekt der US-Administration und geht weit über die Bekämpfung des Terrorismus und auch über die zweite Amtszeit von *George W. Bush* hinaus. Es handelt sich um ein umfassendes Projekt zur Integration eines Krisenbogens in jene Bereiche, die am meisten von der Globalisierung und vom Fortschritt profitierten. Nur wenn die Integration des bisher nichtintegrierten Bereichs gelingt, werden die Profiteure der Globalisierung in ihrem Gebiet sicher sein.

Die Integration ist ein Export von Sicherheit aus Eigennutz. Ergänzend dazu ist auch die im Zuge des NATO-Gipfels in Istanbul im Juni 2004 lancierte ‚Istanbul Cooperative Initiative' (ICI) zu sehen, in der ein stärkeres Engagement des nordatlantischen Paktes für diese strategisch bedeutenden Regionen angemahnt wird. Mit sieben Ländern Nordafrikas wie des Nahen Ostens soll ein Dialog verstärkt werden, der zu einer genuinen Partnerschaft führen soll.

Ähnlich war auch eine Rede von NATO-Generalsekretär *Jaap Hoop de Scheffer* zu interpretieren, die er im November 2004 anlässlich seines Besuches in Wien an der Landesverteidigungsakademie hielt.

Die ‚Istanbul Cooperative Initiative' ist neben der seit dem G-8-Gipfel in Sea Island vereinbarten Partnerschaft ein wesentliches Element zur Befriedung der Großregion und genießt die volle Unterstützung der USA, da es so gelingt, auch kritische Staaten in die Pflicht zu nehmen. Die ICI umfasst unter anderem die Zusammenarbeit in der Terrorbekämpfung, der Bekämpfung von Massenvernichtungswaffen und der organisierten Kriminalität, aber auch die Vorbereitung für Katastropheneinsätze, Training und Ausbildung und Teilnahme an NATO-Übungen. Die Initiative ergänzt als mittelfristiges Konzept die Vorhaben der G-8 und transatlantischen Aktivitäten. Zusätzlich wurde der Mittelmeerdialog aus dem Jahr 1994 reaktiviert und erweitert. Die von den USA lancierte Partnerschaft wurde vor allem aufgrund der nicht geglückten Präsentation, der sehr auf den Irak fokussierten Nahostpolitik in der ersten Amtszeit von Präsident *Bush*, dem Scheitern der ‚Road Map' und der für viele enttäuschend verlaufenden Pazifizierung des Iraks sehr zurückhaltend in den betroffenen Staaten, aber auch in Europa aufgenommen.

Auch ist die regionale Eingrenzung nicht ganz präzise, was zusätzlich zu Verstimmungen führte. Manche sahen in der Initiative einen weiteren Schritt der umfassenden Amerikanisierung und der Oktroyierung vordergründig universeller Werte. Andere klassifizierten sie ob des geringen Budgets als einen ‚Tropfen auf den heißen Stein' (US $ 29 Millionen in der Anfangsphase und danach eine Milliarde, die aus einer Umschichtung des Budgets gewonnen werden soll, das ursprünglich für Israel vorgesehen war). Nicht nur der relativ geringe budgetäre Umfang, sondern auch die Art der Präsentation, das schlechte Marketing (mit der mehrfachen Umbenennung) und der Eindruck, dass von außen in einer unsensiblen Art Werte und Ideen oktroyiert werden, gaben dem Unterfangen einen schlechten Start.

Wenn es gelingt, rasch eine wohl überlegte Initiative im Nahostkonflikt als Herz der Partnerschaft zu starten, könnte das Programm neben einer Pazifizierung globaler Dimension das Image der USA gewaltig aufbessern und wieder stärker in Richtung Friedenspolitik rücken. Denn eines ist klar: Die Lösung des Israelisch-Palästinensischen Konfliktes ist der Weg zur Stabilisierung der Großregion. Die Folgen würden weit über seine Amtszeit und auch über die USA und die Befriedigung ihres ureigensten Sicherheitsbedürfnisses hinausreichen. Bislang hielten sich die Akzente jedoch in sehr engen Grenzen und man darf für die verbleibende Amtszeit von *George W. Bush* auch keine weiteren Initiativen erwarten. Im Gegenteil – analysiert man die Ereignisse ab Juli 2006 zwischen Israel, der Hezbollah und dem Libanon, so ist man weiter denn je von einem Lösungsansatz entfernt. Sowohl die GMEI als auch der Osloer Friedensprozess und die ‚Road Map' sind in den Hintergrund getreten. Manche meinen sogar, dass alle drei Initiativen gescheitert sind. Die Nahostkonferenz von Annapolis Ende 2007 passt ebenfalls in diese Linie. Bereits im Vorfeld herrschte eine umfassende Skepsis, so dass das Ergebnis beinahe vorprogrammiert war, wenngleich das Treffen ja nur den Auftakt zu einer Reihe von Folgekonferenzen darstellt, mit denen die Regierung *Bush* im letzten Jahr der Amtszeit noch Versäumnisse im Nahen Osten wieder gutmachen möchte.

Selbst wenn jedoch - wider Erwarten - alle Möglichkeiten für eine ‚Vorwärtsstrategie für die Freiheit', wie U.S.-Präsident *George W. Bush* dies bezeichnete, doch noch von allen Beteiligten genutzt werden, steht den Parteien noch eine geopolitische Schwerstarbeit bevor, die weit über amerikanische Präsidentschaften hinausgeht, eine Fülle von Teilinitiativen umschließt und auch so manchen Rückschlag inkludiert. Zweifellos aber ist die Befriedung der Großregion ‚Greater Middle East' eine mehrere Generationen umfassende Angelegenheit. Sie ist im Interesse des globalen Friedens und nicht im ausschließlichen Interesse der USA und der EU. Die GMEI ist – bei aller berechtigten Kritik - ein erster Schritt dazu und wird von einem neuen U.S.-Präsidenten mit an Sicherheit grenzender Wahrscheinlichkeit in der einen oder anderen Form wieder aufgegriffen werden müssen, da alleine die Sonderbeziehungen zu Israel dies erzwingen werden.

10. Eine Einschätzung der Intervention im Irak im Kontext geoökonomischer und gesamtstrategischer Annahmen[173]

Die Intervention im Irak begründet sich aus Sicht der USA aus einer Fülle von Fakten, welche sich bis in die siebziger Jahre zurückverfolgen lassen, aus Ereignissen des neunziger Jahre gespeist wurden und durch ‚9/11' eine zusätzliche Dynamik erhielt. Die unmittelbare Argumentation für die Intervention wurde um die ‚National Security Strategy 2002' konstruiert und ausgeführt und in der Fassung 2006 fortgesetzt und akzentuiert. Alte, unbewältigte Fragen konnten einen Zusatzeffekt entfalten.

Man darf davon ausgehen, dass die Intervention nicht für 2003 geplant war, sondern tatsächlich ein langfristiges Unterfangen war, man aber aufgrund der Stimmung nach ‚9/11' und den amerikanischen Erfolgen in Afghanistan im Herbst und Winter 2003/2004 durchaus die Gunst der Stunde aus amerikanischer Sicht nutzte. Welchem ‚verwundeten Staat' konnte man verwehren, sich selbst zu verteidigen?

Dieser psychologische Aspekt – aus amerikanischer Position verständlich – wurde geschickt politisiert und genutzt, wenngleich das Ergebnis, das man sich wünschte, nicht eingefahren wurde – im Gegenteil, der Irak ist offenbar zu einem Waterloo oder ‚Zweiten Vietnam' geworden.

Der Zugang zu den Ölquellen war somit kein operatives Ziel, sondern eine klare strategische Ausrichtung. Dabei ging es weniger um die Sicherstellung des Öl- und Gasverbrauchs der USA (dies lässt sich anhand der Zahlen klar belegen), sondern um die Sicherung der Ressourcen für Verbündete, die in einer hohen Abhängigkeit stehen (insb. Japan). Vielmehr ging daher primär um die Marktgestaltung und das Preisdiktat, dem man sich so weit wie möglich entziehen möchte. Jeglicher Engpass bei den Verbündeten würde aufgrund der wirtschaftlichen Interdependenz Auswirkungen auf die US-Wirtschaft haben.

Es handelt sich also nicht um eine ‚Charity-Aktion', sondern um die Sicherung vitaler Interessen, die über die Verbündeten gespiegelt wurden. Die Ereignisse des 11. September 2001 haben zu einer veränderten Richtung der Dynamik geführt und die USA in ihrem strategischen Ansinnen noch bestärkt. Im Zentrum amerikanischen Denkens stehen seither verstärkt drei Kategorien an Akteuren, die eine Bedrohung darstellen:[174]

1. Terroristische Organisationen mit globalem Aktionsradius;
2. Schwache Staaten, die diese Organisationen direkt oder indirekt (durch Gewährung) stützen;
3. Schurkenstaaten.

Dass der Irak zumindest in eine dieser drei Kategorien fällt, ist aus amerikanischer Sicht unbestreitbar. Damit sind die vitalen Interessen der USA gefährdet. Handlungsnotwendigkeiten sind daher relativ leicht ableitbar. Das Ziel, den Irak als Swing Producer zur Regulation des Ölmarktes zu nutzen, rückte in immer weitere Ferne. Damit gingen für die USA strategische Gestaltungsmöglichkeiten mehr und mehr verloren, denn Unberechenbarkeit ist keine strategische Kategorie. Überlagert werden die drei Staatenkategorien von der Möglichkeit, Massenvernichtungswaffen herzustellen und diese gegebenenfalls gegen amerikanische Interessen (z. B. die Sicherstellung der Energieversorgung aus der Mittleren und Nahen Osten und am Persischen Golf) verwenden.

Damit bot es sich aus amerikanische Sicht an, Massenvernichtungswaffen, bes. kleine atomare Waffen, als Bedrohung (ob real oder fiktiv) anzunehmen. Heute weiß man um die dürftige und zwiespältige Informationslage und die Problematik des Präventivarguments. Die Möglichkeit, Fähigkeiten zur Herstellung von Massenvernichtungswaffen zu besitzen, wurde als zusätzliche Gefährdung vitaler amerikanischer Interessen gedeutet und der Öffentlichkeit als ‚Add-on driver' präsentiert.

Besonders das Argument, dass der Irak neben der Bedrohung durch die Massenvernichtungswaffen auch terroristische Gruppen gewähren lässt, wurde als weiteres Zusatzargument geschickt in der amerikanischen und der Weltöffentlichkeit verkauft. Man darf ferner davon ausgehen, dass Sicherheitsüberlegungen in Richtung Israel ebenso eine Rolle spielten wie die unvollendete Aufgabe aus dem Zweiten Golfkrieg und der Attentatsversuch auf *George H. Bush*, d.h. eines spielten auch emotionale und persönliche Gründe des US-Präsidenten eine Rolle.

Zur Rolle Israels kann man aufgrund der Faktenlage und der bekannten Quellen nur implizite Schlüsse ziehen. Geht man in Analogie zum Zweiten Golfkrieg vor, so erscheint ein gewisser Druck Israels auf der Hand zu liegen und wahrscheinlich gewesen zu sein. Dies darf man auch aufgrund der langjährigen engen Beziehungen zwischen den USA und Israel schließen.[175]

Somit ergab sich eine aus amerikanischer Sicht ‚faktische Spirale an handfesten Kriegsgründen', die zusätzlich in Ursache und Wirkung ineinander flossen und damit als Paket in der Öffentlichkeit präsentiert wurden – strategisch mit der NSS 2002 unterlegt und in der NSS 2006 fortgesetzt. Aus der Weltmachtposition heraus war eine Aktion unumgänglich, wollte man sich nicht weiter provozieren lassen und Stärke beweisen. Die Frage nach der Glaubwürdigkeit von Sachbeweisen für Massenvernichtungswaffen musste – wenngleich als ‚prime cause' vorgeschoben, in dieser Dimension in den Hintergrund gedrängt werden. Vor allem die amerikanischen Toppolitiker wie *Bush, Rice, Rumsfeld* und *Wolfowitz* erwarteten, dass die breite Öffentlichkeit einer Weltmacht einfach glaubt – Kraft ihrer Position. Aus diesem Glaubwürdigkeitsdefizit resultierte ein starker, wenn auch nicht einheitlicher europäischer Widerstand. Mit der Kriegsargumentation gelang es den USA, Europa zu spalten (‚old versus new Europe', so *Rumsfeld*[176]) und vielen europäischen Staaten aus amerikanischer Sicht klar zu machen, wie weit weg man von der Realität ist. Ein Blick hinter die politischen Kulissen erscheint lohnend – vor allem auf die Phase der Planung des Irakkrieges und der Argumentation seitens der USA.[177]

Europäische ‚Friedensträumereien' würden spätestens dann beendet sein, wenn auch Europa substantiell vom Terror bedroht sei und nicht an die dringend erforderlichen Energiequellen herankäme. Europa sah dies naturgemäß anders und emanzipierte sich in vielen Fällen vom alten Verbündeten USA. Das transatlantische Klima hat sich seither Dank Bemühungen auf beiden Seiten wieder einigermaßen beruhigt, wenngleich viele europäische Staaten amerikanische Versuche, die Oberhand zu gewinnen, rasch skeptisch sehen. Die Debatte um die Installation von Teilen des amerikanischen Raketenabwehrsystems im Frühjahr 2007 belegte dies deutlich.[178]

Zudem wurde die Intervention mit klassisch amerikanischen Werten verbrämt – wohl aufgrund der Terroranschläge verständlich, die auch als Anschläge auf als universell kategorisierte Werte angesehen wurden. Geopolitische Argumente wurden von Massenvernichtungswaffen überdeckt und von geoökonomischen Aspekten teilweise angeheizt. So konnte durch eine entsprechende Rhetorik, gekoppelt mit der psychologischen Atmosphäre nach ‚9/11' ein Klima geschaffen werden, das einen Krieg gegen den Irak unvermeidbar erscheinen ließ. Die Erfolge im Rahmen der Intervention in Afghanistan und das Einschwenken von Pakistan auf die amerikanische Linie förderten US-Ambitionen. Man darf annehmen, dass der 11. September 2001 zu einer so genannten ‚günstigen Gelegenheit' geführt hat, um mehreren Faktoren rasch und relativ gleichzeitig begegnen zu können.

In der differenzierten Betrachtung zeigt sich, dass nicht der Einzelgrund Öl oder Massenvernichtungswaffen die Intervention auslösten, sondern dass es sich um ein Bündel an Gründen handelt, das sich entlang der Zeitleiste höchst unterschiedlich präsentiert. Rationale Überlegungen prägten die Entscheidung ebenso wie emotionale Gründe. Die gesamte Intervention war in typische amerikanische Parameter der Außenpolitik eingebettet. Aus dieser Kette an so genannten ‚surface causes' darf man schließen, dass die Geoökonomie nur ein Faktor in den strategischen Überlegungen der USA war. Analysiert man den Energiebereich, so kann man als ‚root cause' den steigenden Energiebedarf der USA und seiner Verbündeten als typisch strategischen Grund heranziehen, der für die Intervention ausschlaggebend war. Er war aber nicht, wie oft behauptet, der einzige Grund. Vielmehr überlagern sich typischerweise in strategischen Abläufen und Überlegungen eher operativ-taktische Gedanken mit tatsächlich strategischen Konzepten und aus der Realität entspringenden so genannten günstigen Gelegenheiten. Die Eingrund-These erscheint jedenfalls aufgrund der klaren Faktenlage nicht haltbar.

Hinsichtlich der Einbettung in die ‚enduring parameters' ist festzuhalten, dass es zu einer Nuancierung der Parameter kam. Vor allem der Aspekt der Hypersecuritization spielte in der Anfangsphase eine wesentliche, vordergründige Rolle. Regime Change hingegen basiert auf den nahezu klassischen Parametern Providence - Manifest Destiny – Exceptionalism – Mission – Crusade - Messianic Imperialism. Die ‚enduring parameters' bildeten den Rahmen, die geistig-intellektuelle Struktur für die Intervention.

Gerade aus diesem Grund ist es so schwierig für die amerikanische Regierung, einen Schritt zurück zu machen und reflexiv die Intervention zu betrachten, geht es doch an die emotionalen Grundfesten, aber auch all das, was die USA ausmacht. Damit ist man an der Substanz des Staates und seines Selbstverständnisses angelangt. Dass in diesem Punkt Bewegung nur schwer möglich, liegt auf der Hand, denn es könnte sein, dass man sowohl bereits gelaufene Interventionen kritisch zu hinterfragen hätte, als auch in Zukunft deutlich überlegter und vorsichtiger bei Interventionen vorgehen wird. Ob dies in der Situation dann auch immer angemessen sein wird oder beispielsweise zu ungunsten der mittelbar und unmittelbar Betroffenen ausgeht, wird sich weisen.

Die Intervention im Irak hat jedenfalls mehrfachen Beispielscharakter und wird Aktivitäten künftiger Präsidenten stark beeinflussen. Ob der Einfluss einschränkend oder erweiternd sein wird, bleibt abzuwarten.

11. Strategische Konsequenzen auf globaler Ebene: Möglichkeiten für einen neuen U.S.-Präsidenten

11.1. Der Rahmen

"*Should the United States be a status quo power in its foreign policy, or should it instead seek fundamental change and reform?*[179]"

Kugler und *Binnendijk* beziehen sich in ihrem Papier primär auf den Nahen Osten, wenngleich die Frage letztlich auch auf die gesamte Außenpolitik der USA ausweitbar ist.

Man darf davon ausgehen, dass diese oder eine ähnliche Frage ganz oben auf der Agenda eines neuen Präsidenten stehen wird. Gleichzeitig spiegelt diese Frage auch die auf zwei großen Schienen ablaufende Debatte zwischen Idealisten und Realisten wider.

Wie bereits angezogen, ist die Entscheidungsfindung vordergründig nicht nur theoriegetrieben, sondern durch den strategischen Kontext beeinflusst. Ein Oszillieren zwischen den beiden Polen, situative Ansätze, das American Political System und die Berücksichtigung des National Interest charakterisieren den oft praktikablen Ansatz, Strategien zu schaffen.

Man weiß, dass der Status quo leichter zu halten ist als eine Reformpolitik umzusetzen ist. Letztere gilt als riskant, kontroversiell, teuer und gefährlich – sie darf jedoch als die fruchtbarere und visionärere Variante angesehen werden. Eindimensionale Entscheidungen sind im Regelfall nicht möglich. Vielmehr geht es darum, potentielle Zielabtausche und Zielbe- und –verhinderungen zu berücksichtigen. Letztlich ist jede Entscheidung singulär und damit situativ – besonders in der komplexen, aktuellen Situation.

11.2. Herausforderungen und Ziele

- Territorialschutz, insbes. vor terroristischen Angriffen; Reduktion der Verbreitung von Massenvernichtungswaffen; Abschreckung von ‚rogue states'.
- Motivation der Gemeinschaft demokratischer Staaten, eng in Fragen der neuen Herausforderungen zusammenzuarbeiten.
- Förderung stabiler, konstruktiver Beziehungen mit den großen Mächten China, Indien und RF.
- Förderung von Stabilität im Greater Middle East und im gesamten südlichen Instabilitätsbogen vom Nahen Osten über Südasien bis nach Ostasien.

- Förderung der Konsolidierung und Ausweitung von demokratischen Standards auf globaler Ebene.
- Förderung einer prosperierenden Weltwirtschaft durch offene Märkte, Investitionen und Freihandel.
- Beendigung von Genoziden und ethnischen Auseinandersetzungen, um humanitäre Katastrophen zu verhindern.
- Verringerung der globalen Erwärmung.
- Verhinderung von Pandemien.

All diese Herausforderungen müssen gemeinsam bewältigt werden. Dafür wird eine Mischung aus Kontinuität und Veränderungsbereitschaft erforderlich sein. Gestärkte globale und regionale Institutionen unterstützen die Erreichung dieser Mischung und werden letztlich die bestimmenden Faktoren sein, ob Staaten fair und eng zusammenarbeiten können.

Aus den Herausforderungen lassen sich drei große Zielkomplexe ableiten:

1. Sicherung des amerikanischen Territoriums, wobei sich die Eigenwahrnehmung nicht nur auf den physischen amerikanischen Kontinent beschränkt, sondern auch jene Gebiete einschließt, wo amerikanische Staatsbürger stationiert sind bzw. für den Staat Dienst versehen. Der Schutz umfasst sowohl den physischen Schutz, d.h. Schutz vor Angriffen gegen Leib und Leben, als auch den Schutz kritischer Infrastruktur.
2. Förderung einer funktionierenden globalen Wirtschaft, da man sich in einem Netzwerk von Abhängigkeiten sieht.
3. Schaffung eines positiven internationalen Umfeldes, das vor allem in einer Periode der globalen Interdependenz mehr und mehr an Bedeutung gewinnt.

11.3. Strategische Prämissen und Optionen

„A national security strategy for the 21st century must address all the dangers we face – diffuse, shifting and uncertain as they are – and seize all the opportunities open to us to make ourselves and the world more secure. It must begin with a clear set of objectives to be achieved and must be shaped according to a set of criteria that will maximize its likelihood of success. It must also be based on a set of overarching premises and principles that will allow us to chart a consistent general course in the world while still adapting individual policies to the context of individual countries, problems, and crises.[180]"

11.3.1. Prämissen[181]

Strategische Konzepte – gleich welchen geistigen Hintergrund sie haben - müssen einer Reihe von Prämissen genügen, um überhaupt eine Chance auf langfristigen Erfolg zu haben und damit dem Wesen von Strategie zu entsprechen.

1. Multidimensionalität: Neue Überlegungen müssen weg vom Mono-Fokus auf den Kampf gegen den Terrorismus gehen. Es muss sich demnach um einen ‚post-post-9/11 Strategie' handeln. Dies wird einen großen mental-emotionalen Sprung erfordern. Sie muss so konzipiert sein, dass verschiedene Instrument adaptiv und situativ einsetzbar sind. Daher muss das Bedrohungsspektrum immer wieder nachjustiert werden und ein Mono-Fokus vermieden werden. Es ist daher von einem Herausforderungsportfolio mit adäquaten Instrumenten auszugehen.

2. Integration: Überzeugung durch Zwang (‚hard power') und Attraktion (‚soft power') müssen sich langfristig die Waage halten und symbiotisch zu ‚smart power' werden.[182] Dies wird auch eine neue Kommunikationsstrategie erfordern und dazu zwingen, Engagements außerhalb der USA immer wieder kritisch zu hinterfragen und in ein großes Gesamtbild einzupassen. Neben den klassischen diplomatischen Kanälen sind auch der Privatbereich und die NGOs verstärkt einzubinden.

3. Interessensbasierung und nicht Bedrohungsbasierung: Es wird wesentlich sein, gemeinsame Interessen zu finden und nicht angstgesteuert zu agieren. Damit wird Kooperationen wieder eine erhöhte Bedeutung zu kommen.

4. Beachtung, was innerhalb von Staaten geschieht: Innere Entwicklungen bei Schlüsselakteuren beeinflussen die amerikanische Außenpolitik mehr und mehr. Da die USA sehr oft keinen besonders guten Ruf genießen, tut man sich sehr schwer, Vertrauen in diesen Staaten aufzubauen und so subkutane Entwicklungen zeitgerecht wahrzunehmen. Gerade hier ist ein großer Nachholbedarf zu verzeichnen und den wird man nur mit internationalen Kooperationen abdecken können.

5. Anpassung an das Informationszeitalter: Durch die Informatisierung der Gesellschaften und die damit verbundene besondere Form der Globalisierung von Informationen und der Stauchung von Raum und Zeit muss auch eine Strategie diesen Anforderungen genügen. Raschheit und Flexibilität auf allen Aktionsebenen gelten als unabdingbare Kriterien für einen Erfolg. Darüber hinaus muss man darüber Bescheid wissen, was man nun konkret weiß und wo Wissenslücken sind. Danach sind diese rasch zu decken.

11.3.2. Optionen[183]

Das 21. Jahrhundert hat erst begonnen und die USA mit einem außergewöhnlichen Ereignis konfrontiert. Ein neuer Präsident hat bereits die Distanz von mehr als sieben Jahren zu ‚9/11' und damit eine völlig andere Entscheidungsgrundlage als *George W. Bush*, der aus den Ereignissen heraus agieren musste und letztlich wenig Zeit hatte, um echte strategische Überlegungen vor. Vielmehr ist vor allem die NSS 2002 im Lichte des Ad-hoc-Handelns in einer hochdramatischen und ebenso emotionalisierten Situation zu lesen.[184]

Die USA haben zumindest folgende Optionen, die Strategie an die Gegebenheiten des 21. Jahrhunderts anzupassen und gleichzeitig diese Gegebenheit auch zu formen.

- Fortsetzung des neokonservativen Interventionismus (‚continued neoconservative interventionism'): Selbst wenn man die Erfahrungen der *Bush*-Administration berücksichtigt, würde man den Kurs letztlich weiterfahren. Dies meint, dass man weiterhin nach außen Stärke demonstriert und die besondere Form der Machtpolitik zugunsten der Mono-Bedrohung und um Demokratie nach amerikanischen Standards weiter zu verbreiten, forcieren würde.
- Rückkehr zum reinen Realismus (‚traditional conservatism'): Dieser Ansatz basiert auf der klassischen Großmächtediplomatie (wie etwa von *Kennan* und von *George H.W. Bush*-Administration während der Jahre 1989-1992 vertreten). Man stabilisiert die Beziehungen zu Großmächten wie der Russischen Föderation, zu China und Indien und erhält dafür die Unterstützung für den Kampf gegen den Terrorismus und gegen die Verbreitung von Massenvernichtungswaffen.
- Progressiver Multilateralismus (‚liberal internationalism'): Hier würde man verstärkt auf Soft-Power-Element setzen und die multilaterale Zusammenarbeit stärken und sich an der Außenpolitik von Clinton in den 1990er Jahren orientieren. Der regionale Fokus wäre Europa. Man würde die Europäer verstärkt in gemeinsame Aktivitäten einbinden, um aktuelle Problemstellungen wie z.B. die Befriedung des Nahen und Mittleren Ostens voranzutreiben, gemeinsam zu lösen.
- Off-shore balancing: Die USA würden ihre Engagements in Schlüsselregionen wie z.B. im Nahen Osten reduzieren und sich primär auf Regionalmächte verlassen, wenn es um Sicherheitsaspekte geht. Dies trifft primär das Überengagement im Nahen Osten.

Letztlich wird sich ein neuer Präsident nicht ausschließlich auf eine der vier Optionen verlassen zu können, zu verfahren ist die Lage nach der Irak-Intervention und zu delikat zu sind globalen Probleme.

Eine neue Strategie wird ein erhöhtes Maß an innerer Dynamik ermöglichen müssen, um vor allem mit der immer stärker werdenden Stauchung aus Raum und Zeit und der immer größer werdenden Zahl an nichtsouveränen Akteuren umgehen zu können. Darüber hinaus wird die neue Strategie so flexibel sein müssen, um sich auch mit der Heterogenisierung von staatlichen Akteuren adäquat integrativ auseinander setzen zu können.

Strategie wird damit für die Großmacht USA mehr denn je zur Kunst des Möglichen. Geopolitik verlangt einen bewussten Schritt außerhalb der Karte und einen geänderten Blickwinkel, der sich zeitgemäß in die internationale Ordnung in all ihren Facetten anpasst – denn nur so wird eine nachhaltige Gestaltung möglich sein.

Damit wird die Erstellung einer neuen Strategie für den neuen Präsidenten möglicherweise das Meisterstück der Präsidentschaft. Die Befriedung des Mittleren und Nahen Ostens wird – auch wenn man vielleicht geneigt sein wird, sich anfänglich auf innere Fragen zurückzuziehen, weiterhin ganz oben auf der außenpolitischen Agenda zu stehen haben – schon um letztlich auch im Inneren die erforderliche Stabilität in wirtschaftlichen Fragen zu haben. Damit gewinnt man üblicherweise Präsidentenwahlen – außenpolitische Fragen haben hingegen mit wenigen Ausnahmen keine ausreichende Attraktivität, um einen neuen Präsidenten ‚zu machen'.

Anhang

Advanced Energy Initiative[185]

PRESIDENT'S LETTER

My fellow Americans,

Keeping America competitive requires reliable, affordable, and clean supplies of energy. Over the past five years, my Administration has taken steps to increase the domestic supply of energy, including alternative and renewable sources. We have also worked to improve energy efficiency and to make our energy infrastructure more secure and reliable. We implemented a new National Energy Policy, and last summer I signed into law the Energy Policy Act of 2005, the first comprehensive energy bill in more than a decade.

America's energy challenges require continued action. For the sake of our economic and national security, we must reduce our dependence on foreign sources of energy – including on the natural gas that is a source of electricity for many American homes and the crude oil that supplies gasoline for our cars. To achieve this objective, we will take advantage of technology. My *Advanced Energy Initiative* provides for a 22-percent increase in funding for clean-energy technology research at the Department of Energy. To change how we power our homes and offices, we will invest more in zero-emission coal-fired plants, revolutionary solar and wind technologies, and clean, safe nuclear energy. To change how we power our automobiles, we will increase our research in better batteries for hybrid and electric cars and in pollution-free cars that run on hydrogen. We will also fund additional research in cutting-edge methods of producing ethanol, not just from corn, but from wood chips, stalks, or switch grass.

Applying the talent and innovative spirit of our citizens, we will foster economic growth, protect and improve our environment, move beyond a petroleum-based economy, and make our dependence on foreign sources of energy a thing of the past.

GEORGE W. BUSH
THE WHITE HOUSE
February 20, 2006

The President's Energy Vision

President Bush believes the power of technology and the innovative spirit of America will reduce our reliance on foreign sources of energy, which will help ensure a growing and prosperous America in the 21st Century. We have both the technology and the know-how to meet the principal energy challenges we face: promoting energy conservation, repairing and modernizing our energy infrastructure, and increasing our energy supplies in ways that protect and improve the environment. Meeting each of these challenges is critical to expanding our economy, satisfying the energy needs of a growing population, and raising our standard of living.

A sound energy policy is also vital to national security and protecting the environment. We currently spend more than half a billion dollars a day on imported oil. We are increasingly concerned about the vulnerability of the electricity grid and pipeline systems to both unintentional and intentional disruptions. We are also focused on the environmental consequences of energy production, including emissions of air pollutants and greenhouse gases, primarily from the burning of coal, oil, and natural gas.

Since 2001, the Administration has spent nearly $10 billion to develop cleaner, cheaper, and more reliable alternative energy sources. As a result, America is on the verge of breakthroughs in advanced energy technologies that could transform the way we produce and use energy. To build on this progress, the President's *Advanced Energy Initiative* provides for a 22% increase in funding for clean-energy technology research at the Department of Energy in two vital areas:

1. Changing the way we fuel our vehicles. We can improve our energy security through greater use of technologies that reduce oil use by improving efficiency, expansion of alternative fuels from homegrown biomass, and development of fuel cells that use hydrogen from domestic feedstocks.

2. Changing the way we power our homes and businesses. We can address high costs of natural gas and electricity by generating more electricity from clean coal, advanced nuclear power, and renewable resources such as solar and wind.

Just as our current challenges did not arise overnight, neither will the solutions to these challenges. We must make a sustained commitment to addressing the fundamental causes of high and volatile energy prices, while protecting our national security and the environment. Through the *Advanced Energy Initiative*, we can take new, bold steps towards the goal of a reliable, affordable, and clean energy future for all Americans.

CHANGING THE WAY WE FUEL OUR VEHICLES

Crude oil is used to produce a wide array of petroleum products, including gasoline, diesel and jet fuels, heating oil, lubricants, asphalt, plastics, and many other products. Not surprisingly, crude oil markets are monitored closely by consumers, businesses, and governments, because the prices of petroleum-based products depend heavily on the price of crude oil.

The transportation sector receives nearly all of its energy from petroleum products and accounts for two-thirds of U.S. petroleum use, mainly in the form of gasoline and diesel fuel. The Energy Information Administration (EIA) projects that consumption of gasoline and diesel fuel will continue to rise because the expected increase in total miles traveled will outweigh improvements in the efficiency of fuel use per mile traveled. This is projected to lead to a one-third increase in imports of crude oil and a near-doubling in imports of refined products over the next 25 years, such that these imports would account for 62.5% of our total oil use by 2030.

Advanced Energy Initiative Goals – Fueling Our Vehicles

- Develop advanced battery technologies that allow a plug-in hybrid-electric vehicle to have a 40-mile range operating solely on battery charge.
- Foster the breakthrough technologies needed to make cellulosic ethanol cost-competitive with corn-based ethanol by 2012.
- Accelerate progress towards the President's goal of enabling large numbers of Americans to choose hydrogen fuel cell vehicles by 2020.

In 2004, the U.S. consumed 20.7 million barrels of crude oil and refined products per day, approximately 58 percent of which were imported from other countries. About half of these imports come from non-OPEC nations, such as Canada and Mexico, while the other half come from OPEC nations, mainly Saudi Arabia, Venezuela, Nigeria, and Iraq. Oil supply disruptions pose a threat to our economy and national security, and that threat rises the more dependent we are on oil imports, particularly from less stable regions of the world.

Over the past two years, world oil prices have increased significantly relative to historical levels. Crude oil prices, which hovered in the $15-25 per barrel range from the mid-1980s until 2002, have been above $40 since February 2005. Many of the same factors that drove world oil markets during this time, such as low spare world-oil-production capacity and rapid world-oil-demand growth, will continue to affect markets in the near term. Other factors, such as geopolitical instability and weather, are also important but less predictable.

To reduce America's vulnerability to oil supply disruptions, and the associated economic hardship for our Nation's families and businesses, we must reduce our dependence on foreign sources of oil. This means increasing domestic production of oil here at home and expanding capacity to refine crude oil into products that consumers demand. It also means accelerating deployment of efficient hybrid and clean diesel vehicles in the near-term, developing domestic renewable alternatives to gasoline and diesel fuels in the mid-term, and investing in the advanced battery and hydrogen fuel-cell technologies needed for substantial long-term reductions in oil demand.

Employing Existing Technologies

Consistent with the President's National Energy Policy and the energy bill signed into law last summer, the Administration has taken a number of steps to employ new technologies to improve the efficiency of our oil use and develop alternative fuels to displace oil.

- Vehicle fuel economy. The Administration increased CAFE standards for light trucks and SUVs for the first time in a decade, raising the standard from 20.7 mpg to 22.2 mpg for the current model year 2007 vehicles. We have proposed additional increases in the fuel economy of light trucks and SUVs produced in model years 2008-2011, which would save 10 billion gallons of fuel over the lifetime of those vehicles.
- Tax incentives for efficient vehicles. The President proposed, and Congress enacted, tax incentives of up to $3,400 per vehicle to encourage purchase of highly efficient hybrid and clean diesel vehicles, which offer near-term potential to reduce demand for fuels made from crude oil.
- Clean diesel regulations. The Administration finalized rules that regulate emissions from both highway and non-road diesel engines and fuels, reducing emissions of sulfur and nitrogen oxides by more than 90%. Diesels offer 25-30% fuel efficiency advantage over current gasoline-engine technology, without the "black puff of smoke" of earlier versions.
- Renewable ethanol and biodiesel. The energy bill signed by the President last summer established a renewable fuels standard to require the use of 7.5 billion gallons of ethanol and biodiesel by 2012, and extended tax benefits enabling both fuels to compete in today's market.
- Alternative fuel facilities. The energy bill also provides a 30% tax credit for installation of alternative fuel stations, up to a maximum of $30,000 per year. Currently only 556 public "E85" (85% ethanol) fueling stations exist in the U.S, and many more will be needed to increase the use of renewable fuels above the 10% that can be blended into conventional gasoline.
- Hydrogen vehicles. In his 2003 State of the Union Address, President Bush announced a $1.2 billion Hydrogen Fuel Initiative aimed at developing the technology for commercially viable hydrogen-powered fuel cells to power cars, trucks, homes, and businesses with no pollution or greenhouse gases.

The effects of these actions are already being seen in today's marketplace. For example, in 2005 sales of hybrid vehicles exceeded 200,000 for the first time ever, based in part on tax incentives for their purchase. And ethanol production capacity increased from 3.4 billion gallons in 2004 to 4.4 billion gallons today, with another 2.1 billion gallons of capacity currently under construction.

Accelerating Future Technologies

To significantly improve our future energy security, we must do more to reduce our future demand for oil and refined gasoline and diesel fuels. The President's *Advanced Energy Initiative* proposes significant new investments and policies in three promising areas: (1) advanced batteries; (2) cellulosic ethanol; and (3) hydrogen vehicles.

1. Advanced Batteries

Accelerated consumer adoption of hybrid-electric vehicles offers the potential to significantly reduce oil consumption in the near-term. Further gains are possible with a "plug-in hybrid vehicle": a hybrid-electric vehicle that can run either on electricity from its own batteries or on gasoline. Unlike current hybrid vehicles, which can use only the gasoline engine to charge the on-board battery, a plug-in hybrid can be plugged into a common household electrical outlet to recharge its batteries. This allows a consumer to drive as an electric vehicle for the majority of driving that takes place within 40 miles of home. For longer trips, the gasoline engine kicks in, and the vehicle drives like a regular hybrid-electric vehicle. As a result, fuel efficiency of plug-in hybrids could exceed 80 or more miles per gallon, particularly when the hybrids are driven in urban areas. Plug-in hybrids would generally be charged at night, when electric utilities have spare generating capacity available.

Current battery technologies used in today's hybrid-electric vehicles store only enough energy to drive the vehicle in an electric-only mode at low speed for a very short range (1-2 miles). Simply adding additional batteries is not practical – according to some estimates, each hybrid-electric vehicle battery adds an additional $2,000 to $4,000 to the price of the hybrid-electric vehicle. To address these issues, advanced battery technologies such as "lithium-ion" batteries, similar to batteries used in cellular phones and other consumer electronics, can be adapted for vehicle use. These batteries, coupled with the development of advanced electric-drive technologies, will enable the commercialization of plug-in hybrids that can deliver the desired range.

To help bring down the cost of these highly-efficient vehicles, the President's 2007 Budget includes $31 million in new research funding to support advanced battery research, a 27% increase over 2006 levels. In addition to the gasoline savings they make possible, plug-in hybrids represent a practical step toward hydrogen fuel-cell vehicles, which have some of the same electric-drive and power-management technologies. Through the large-scale replacement of gasoline with electricity and hydrogen produced from clean coal, nuclear, and renewable technologies, we could dramatically reduce future oil use, balance-of-payment deficits, and emissions of air pollutants and greenhouse gases.

2. Cellulosic Ethanol

Transportation fuels derived from biomass can be produced either by the conversion of sugar or starch crops to ethanol, or by conversion of soybean or other plant oils to produce biodiesel. These clean-burning fuels are currently mixed with gasoline or diesel fuel in small amounts (up to 10% for ethanol and up to 20% for biodiesel) and used in conventional vehicles to help reduce petroleum demand.

The 3.4 billion gallons of ethanol blended into gasoline in 2004 amounted to about 2% by volume of all gasoline sold in the United States. Greater quantities of ethanol are expected to be used as a motor fuel in the future, in part due to two federal policies: an excise tax exemption of $0.51 per gallon of ethanol used as motor fuel, and a new requirement for at least 7.5 billion gallons of renewable fuel to be used in gasoline by 2012 (included in the recently passed Energy Policy Act).

Virtually all domestically produced ethanol currently comes from corn. However, corn and other starches and sugars are only a small fraction of biomass that can be used to make ethanol. A recent DOE/USDA study suggests that, with aggressive technology developments, biofuels could supply some 60 billion gallons per year – 30% of current U.S. gasoline consumption – in an environmentally responsible manner without affecting future food production.

To achieve greater use of "homegrown" renewable fuels, we will need advanced technologies that will allow competitively priced ethanol to be made from cellulosic biomass, such as agricultural and forestry residues, material in municipal solid waste, trees, and grasses. Advanced technology can break those cellulosic materials down into their component sugars and then ferment them to make fuel ethanol.

To help reduce the costs of producing these advanced biofuels, and ready these technologies for commercialization, the President's 2007 Budget increases DOE's biomass research funding by 65%, to a total of $150 million. The President's goal is to make cellulosic ethanol cost-competitive with corn-based ethanol by 2012, enabling greater use of this alternative fuel to help reduce future U.S. oil consumption.

3. Hydrogen Vehicles

In his 2003 State of the Union Address, President Bush announced a $1.2 billion Hydrogen Fuel Initiative to reverse America's growing dependence on foreign oil by developing the technology for commercially viable hydrogen-powered fuel cells to power cars, trucks, homes, and businesses with no pollution or greenhouse gases.

Through partnerships with the private sector, the Hydrogen Fuel Initiative and related FreedomCAR activities seek to make it practical and cost-effective for large numbers of Americans to use clean, hydrogen fuel-cell vehicles by 2020. Since hydrogen can be made from domestic fossil, nuclear and renewable energy resources, this will dramatically improve America's energy security by significantly reducing the need for oil, as well as help clean our air and reduce greenhouse gas emissions.

To continue our progress towards reducing oil consumption, the President's 2007 Budget increases funding for hydrogen technology research by $46 million over current levels. Under the President's FreedomCAR program, the Department of Energy is conducting research in partnership with industry to make today's hybrid-electric vehicle components more affordable. These components are also needed for tomorrow's hydrogen vehicles. Although we have made significant strides in reducing the high volume cost of a fuel cell by more than half, further innovations are necessary to make this technology cost-competitive. We also need to develop improved materials and methods that will allow for economic and effective hydrogen storage in vehicles and at refueling stations. A significant fraction of the hydrogen funding added by the President's budget will be used for basic research in materials science to address this fundamental challenge. Finally, we are working with industry to develop technology to enable safe production and delivery of hydrogen.

The promise of hydrogen technology is too great to ignore. The Department of Energy estimates that, if hydrogen reaches its full potential, the Hydrogen Fuel Initiative and FreedomCAR program could reduce our oil demand by over 11 million barrels per day by 2040 – approximately the same amount of crude oil America imports today.

CHANGING THE WAY WE POWER OUR HOMES AND BUSINESSES

Natural gas has numerous uses in homes, industry, commerce, electricity production, and transportation and is a vital component of fertilizer and chemical production. In 2004, the United States consumed 61 billion cubic feet of natural gas per day, primarily for industrial applications, residential use, and electric generation. At present, 85% of U.S. natural gas demand is met through domestic production; the remainder is met largely through transport by pipeline from Canada, with an increasing amount arriving by tanker in the form of liquefied natural gas (LNG) from Trinidad, Algeria, and other countries.

U.S. natural gas consumption is projected to grow to 74 billion cubic feet per day by 2025. Over the past decade, natural gas has been the "fuel of choice" for new natural gas combined-cycle power plants. Compared to coal-fired power plants, natural gas power plants emit less air pollution and cost less to build. As a result, demand for natural gas in the power sector has increased steadily over the past 15 years, even in the face of dramatically higher prices.

Wholesale natural gas prices at Henry Hub on the Louisiana Gulf coast (a common natural gas pricing benchmark) averaged around \$2-\$3 per thousand cubic feet from 1994 through the middle of 2000. Prices then spiked to a peak of \$10.50 per thousand cubic feet in December of 2000 in response to an unusually cold winter and low hydroelectric production in the West before falling back to their previous low levels. Over the past four years, natural gas prices increased substantially from roughly \$3 per thousand cubic feet in early 2002 to over \$8 per thousand cubic feet recently, with a pronounced price spike due to Hurricanes Katrina and Rita. At present, natural gas prices track high crude oil prices because natural gas is often used as a substitute for oil in power production and heating. Furthermore, the tight balance between supply and demand has led to a more volatile market, which can respond dramatically to weather events and geopolitical developments.

Advanced Energy Initiative Goals – Powering Our Homes and Businesses

- Complete the President's commitment to \$2 billion in clean coal technology research funding, and move the resulting innovations into the marketplace.
- Develop a new Global Nuclear Energy Partnership (GNEP) to address spent nuclear fuel, eliminate proliferation risks, and expand the promise of clean, reliable, and affordable nuclear energy.
- Reduce the cost of solar photovoltaic technologies so that they become cost-competitive by 2015, and expand access to wind energy through technology.

This substantial increase in natural gas prices and volatility has had a negative impact on the U.S. industrial sector. High prices for natural gas translate to increased production costs for U.S. companies, which places them at a disadvantage to their foreign competitors. As a result, many firms have either shut down U.S. production facilities altogether or relocated them to another country where energy costs are more competitive with the global market. According to the National Association of Manufacturers, the chemicals and plastics industries, which rely on natural gas both for energy and as a raw material, have lost 250,000 jobs and \$65 billion in business because of rising natural gas prices. High natural gas prices similarly harm the competitiveness of U.S. farm products in global markets, as natural gas is a primary input for fertilizer.

Diversification of our electric power sector will ensure the availability of affordable electricity and ample natural gas supplies. At the same time, increased efficiency will help reduce demand for natural gas. By easing the demand pressure on natural gas, prices will drop and U.S. firms will be more competitive in the global market, keeping jobs here at home.

Employing Existing Technologies

Consistent with the President's National Energy Policy and the energy bill signed into law last summer, the Administration has taken a number of steps to increase the supply of natural gas, improve efficiency, and develop alternatives to natural gas for electric power generation.

- The Administration has provided new access to domestic natural gas supplies by streamlining its permitting processes, providing additional funding for processing of permit applications, and offering new lease sales in promising offshore areas.
- At the President's direction, Federal agencies are working to expedite permitting processes and accelerate development and expansion of U.S. liquefied natural gas (LNG) terminals, which should improve natural gas availability and reduce prices.
- The energy bill set first-time energy efficiency standards for 14 large appliances and raised existing standards for others. These standards will help reduce the need for "peaking" power provided from natural gas.
- In the absence of Congressional action on the Clear Skies Initiative, the Bush Administration finalized two regulations: the Clean Air Interstate Rule (CAIR) and the Clean Air Mercury Rule (CAMR). Together these two rules create a similar program to control air pollution from the power sector and foster investments in newer, cleaner coal technologies.
- The energy bill also provided several new programs to encourage investments in safe and reliable nuclear power: production tax incentives and "risk insurance" intended to cover costs of unforeseen legal or regulatory challenges to plant operation. Nuclear energy provides reliable and clean power.
- Finally, the energy bill contained $3.4 billion over 10 years in tax incentives to encourage the production of electricity using renewable wind, solar, biomass, and geothermal energy sources, including the first-ever tax credit for residential solar energy systems.

The effects of high natural gas prices are already being seen in today's marketplace. The percentage of new power plants fueled by natural gas has declined from more than 90% when President Bush took office to 64% today. Thanks in part to Administration policies, only 31% of new power plants projected to be built by 2025 will use natural gas. The Energy Information Administration also projects a near-doubling in non-hydro renewable energy capacity between now and 2025.

Accelerating Future Technologies

To enhance our future energy security, we can and must do more to reduce our future demand for natural gas and foster alternatives for power production. The President's *Advanced Energy Initiative* proposes significant new investments and policies in three promising areas: (1) clean coal technology; (2) nuclear power; and (3) renewable solar and wind energy.

1. Clean Coal Technology

The U.S. holds more than one quarter of the world's coal reserves, and the energy content of the Nation's coal resources exceeds that of the world's known recoverable oil. Coal is also the workhorse of the Nation's electric power industry, supplying more than half the electricity consumed by Americans and serving as the cornerstone of America's central power system. To preserve this economically vital energy foundation, we must invest in innovative, low-cost environmental compliance technologies for existing plants and develop cleaner and more efficient technologies for use in new plants.

During his 2000 campaign, the President committed to investing $2 billion over 10 years to fund research in clean coal technologies, a category of technologies that allows for the use of coal to generate electricity while meeting environmental regulations at low cost. This research and development program is pioneering more effective pollution controls for existing coal-fired power plants and an array of new technologies that would eliminate air and water pollutants from the next generation of power plants.

To tap the potential of America's enormous coal reserves, the President's 2007 Budget includes $281 million in funding for the Coal Research Initiative, nearly completing the President's $2 billion commitment 4 years early. This program includes $54 million for the FutureGen initiative, a public-private sector partnership to develop innovative technologies for a nearly emissions-free coal plant of the future that captures and stores the carbon dioxide it produces rather than releasing it into the atmosphere.

2. Nuclear Energy

Nuclear power provides slightly more than one-fifth of the electricity that we use to power our factories, office buildings, homes, and schools. Over 100 operating nuclear power plants, located at 65 sites in 31 states, constitute the second-largest source of electricity generation in the country. The plants are, on average, 24 years old and are licensed to operate for 40 years with an option to renew for an additional 20 years.

Nuclear power provides significant benefits to the Nation, in the form of cleaner air and low and stable electricity prices. Nuclear power does not emit the air pollutants and greenhouse gases that result from coal-fired and natural-gas-fired generation. Nuclear power is also domestic and provides energy security – North American uranium reserves are more than sufficient for the foreseeable future. Moreover, once constructed and paid for, nuclear power plants are relatively inexpensive to operate – 1.8 cents per kilowatt-hour (kWh) of electricity generated. This is slightly below the operating costs of a coal-fired power plant and well below natural-gas-fired generation at current prices.

Nuclear power also faces significant challenges. New nuclear power plants require more up-front capital expense than other plants of similar size and must go through a lengthy regulatory process, which has not been tested since Congress adopted this process in 1992. The energy bill attempts to address these problems through a package of financial incentives (including Federal "risk insurance") intended to reduce the risk of an investment in a new nuclear plant. However, management of spent nuclear fuel remains an issue, both with respect to the risk it could be stolen or diverted for potential misuse and with respect to its ultimate disposition.

To enable a bright future for nuclear power, both in the United States and around the world, the President's 2007 Budget contains $250 million for the Global Nuclear Energy Partnership (GNEP). Under this partnership, America will work with nations like France, the United Kingdom, Japan, and Russia that have advanced civilian nuclear energy programs. Together, we will develop and deploy innovative, advanced reactors and new methods to recycle spent nuclear fuel. This will allow us to produce more energy, while dramatically reducing waste and eliminating many of the nuclear byproducts that could be used to make weapons.

As these technologies are developed, we will work with our partners to provide developing countries with small-scale reactors that would be secure, cost-effective, and able to meet their energy needs, as well as related nuclear services that would ensure that they have reliable fuel supply. In exchange, these countries would agree to use nuclear power only for electricity – and forgo uranium enrichment and reprocessing activities that can be used to develop nuclear weapons. By working with other nations under the Global Nuclear Energy Partnership, we can provide safe, cheap, and reliable energy that growing economies need – while reducing the risk of nuclear proliferation.

GNEP also will help resolve nuclear waste disposal issues. Based on technological advancements that would be made through GNEP, the volume and radiotoxicity of waste requiring permanent disposal at Yucca Mountain could be greatly reduced, eliminating the need for an additional repository. It is important to emphasize, however, that GNEP does not diminish in any way the need for, or the urgency of, the nuclear waste disposal program at Yucca Mountain. Yucca Mountain is still required under any fuel cycle scenario.

3. Renewable Solar and Wind Energy

Solar energy is clean, abundant, widespread, and renewable. Various technologies can capture this solar energy, concentrate it, store it, and convert it into other useful forms of energy. Concentrating Solar Power (CSP) devices optically focus or concentrate the thermal energy of the sun to drive a generator or heat an engine. They do so by means of lenses or mirrors arranged in a trough or tower configuration. Solar water heating systems directly absorb the sun's radiation with specially-coated absorbers to heat air or water for use in a building.

Solar water heaters can be used in large commercial applications or in low-profile installations on residences anywhere in the United States.

Photovoltaic (PV) devices generate electricity directly from sunlight via an electronic process that occurs naturally in certain types of material. Electrons in certain types of crystals are freed by solar energy and can be induced to travel through an electrical circuit, powering any type of electronic device or load. PV devices can be used to power small devices (e.g., road signs and calculators), homes, or even large stores or businesses. Worldwide growth rates for PV for the last 5 years have averaged well over 35%, meaning the amount of installed power doubles every 4 years or less. However, this rapid growth is from a very small base; PV still accounts for less than 1 percent of electricity generation worldwide. Emerging technologies, such as "solar shingles" where PV cells are embedded into roofing materials, offer the prospect of "zero-net energy homes," which on average create as much energy as they consume.

<u>To fulfill solar energy's promise, the President's 2007 Budget proposes a new $148 million Solar America Initiative – an increase of $65 million over FY06.</u> The Solar America Initiative will accelerate the development of advanced photovoltaic materials that convert sunlight directly to electricity, with the goal of making solar PV cost-competitive with other forms of renewable electricity by 2015. As the per-unit cost for these advanced PV technologies falls, sales volume will go up, driving new innovation and further cost reductions. Globally, attempts to bring electricity to the developing world will frequently employ solar PV as the lowest-cost alternative.

Wind energy is one of the world's fastest-growing energy technologies. In 2005, the U.S. wind energy industry installed more than 2,300 megawatts (MW) of new wind energy capacity – or over $3 billion worth of new generating equipment – in 22 states. Areas with good wind resources have the potential to supply up to 20% of the electricity consumption of the United States.

In response to a recommendation in the President's 2001 National Energy Policy, the Bureau of Land Management (BLM) prepared a Programmatic Environmental Impact Statement (EIS) to evaluate issues associated with wind energy development on Western public lands (excluding Alaska) administered by the BLM. The EIS, which was finalized in late 2005, implements a Wind Energy Development Program within the Department of the Interior, establishes policies and best management practices for wind energy right-of-way authorizations, and amends 52 BLM land-use plans in Colorado, Idaho, Montana, Nevada, New Mexico, Oregon, Utah, Washington, and Wyoming to set aside areas of significant wind energy potential for further development.

<u>To expand the generation of clean energy from wind, the President's 2007 Budget includes $44 million for wind energy research – a $5 million increase over FY06 levels.</u> This will help improve the efficiency and lower the costs of conventional wind turbine technologies; it will also help develop new small-

scale wind technologies for use in low-speed wind environments. Combined with the ongoing efforts to expand access to Federal lands for wind energy development, this new funding will help dramatically increase the use of wind energy in the United States.

BUILDING ON OUR PAST PROGRESS

President Bush has placed a high priority on ensuring affordable, reliable, and clean sources of energy for America. In May 2001, he proposed his National Energy Policy, which included over 100 recommendations to increase domestic supplies of energy, encourage efficiency and conservation, invest in our energy infrastructure, and develop alternative and renewable sources of energy.& Over the past four years, the Bush Administration has worked to implement these recommendations and improve our Nation's energy situation. In addition, last summer Congress passed the first comprehensive energy legislation in over a decade – the Energy Policy Act of 2005. This historic bill follows many of the principles outlined by President Bush to strengthen our Nation's electrical infrastructure, reduce our dependence on foreign sources of energy, increase conservation, and expand the use of clean renewable energy.

However, several important elements of the President's National Energy Policy remain to be addressed:

- ANWR: The President continues to support Congressional action to authorize environmentally responsible oil and gas exploration within a small area of the Arctic National Wildlife Refuge (ANWR) located in northern Alaska. Using modern technologies and subject to the world's most stringent environmental protections, ANWR could produce as much as 1 million barrels of oil per day to help meet our future energy needs. Opening ANWR will also create tens of thousands of new jobs for American workers.
- Refineries: Due to consolidation in the refining industry and increased demand for gasoline and diesel fuels, U.S. refineries have operated at more than 90% capacity in recent years. This has strained the existing refinery system, particularly during times of unforeseen disruptions, and led to high and volatile fuel prices. The President has called for new investments in refinery capacity, either through expansions at existing sites, or through construction of new facilities on former military sites. The President has expressed his desire to work with Congress on legislation to help accomplish this, and believes that we should develop a one-year, EPA-led permitting process that can provide expedited decisions while maintaining high environmental standards for review.
- New Source Review: The New Source Review (NSR) permitting program creates regulatory uncertainty because it is inflexible, its applicability requirements are confusing, and it can impose high costs due to delays in

the permit process. Such discouragement results in lost capacity, as well as lost opportunities to improve energy efficiency and reduce air pollution. As called for by the President's National Energy Policy, EPA has continued a vigorous program of NSR improvements designed to remove unnecessary regulatory barriers to modernization in the energy sector, thereby helping to address the extreme demands being placed on our Nation's energy supply infrastructure. However, litigation has slowed the implementation of these rules. These rules should be adopted in legislation, so that private industry is encouraged to invest more quickly in upgrades that will make our energy sector more efficient and productive.

- Offshore Oil and Gas: The Outer Continental Shelf (OCS) is a significant source of oil and gas for the Nation's energy supply, providing more than 25 percent of the country's natural gas production and more than 30 percent of total domestic oil production. Estimates of oil and gas resources in undiscovered fields on the OCS total 76 billion barrels of oil and 406 trillion cubic feet of gas. The President continues to support existing moratoria on OCS production where states do not wish such activity to occur off their immediate coasts. However, the President also supports increasing OCS production in cooperation with states that support such development.
- Alaska Gas Pipeline: The North Slope of Alaska has an estimated 35 trillion cubic feet of natural gas, which is currently stranded due to the lack of a pipeline to transport it to market. At present, nearly all of the natural gas produced during oil production operations at Prudhoe Bay is reinjected and used to increase oil recovery. Approximately 3 billion cubic feet per day (equivalent to about 30% of current Gulf of Mexico production) could be brought to market through an Alaska natural gas pipeline. Although the Alaska Natural Gas Pipeline Act signed by the President in 2004 contained numerous incentives for the industry and the State of Alaska to reach agreement on those items needed to build the pipeline, no agreement has been reached yet. The President continues to encourage all parties to resolve remaining issues as soon as possible, so that stranded gas resources from Alaska can soon be brought to the Lower 48 states.
- Clear Skies: To ensure that we meet growing demand for electricity while protecting the environment, the President has called on Congress to enact Clear Skies legislation to cut power plant pollution of sulfur dioxide, nitrogen oxides, and, for the first time, mercury by an unprecedented 70 percent. Clear Skies will significantly expand the Clean Air Act's most innovative and successful program to further reduce emissions from more than 1300 power plants nationwide by as much as 9 million tons annually. Utilities will achieve these reductions by spending almost $50 billion on cutting-edge pollution abatement technology. Clear Skies will also help promote new investments in cleaner coal technologies.

Bibliographie

Art, Robert J.: A Defensible Defense. America's Grand Strategy After the Cold War, International Security, Spring 1991 (Vol. 15, No. 4), S. 5-53.

Art, Robert J.: A Grand Strategy for America, New York 2003.

Art, Robert J.: Geopolitics Updated, International Security, Vol. 23, No. 3 (Winter 1998/99), S. 79-113.

Asmus, Ronald D.: The New U.S. Strategic Debate, Santa Monica, CA: RAND, 1994, Chapter Two, S. 5-19.

Bacevich, Andrew J./Prodromou Elizabeth H.: God is Not Neutral: Religion and U.S. Foreign Policy after 9/11, Orbis, Vol. 48, No. 1, Winter 2004, S. 43-54.

Bacevich, Andrew J.: American Empire. The Realities & Consequences of U.S. Diplomacy, Cambridge, MA, London, 2002.

Bacevich, Andrew: The Imperial Tense. Prospects and Problems of American Empire, Chicago, IL Dec. 2003.

Bacevitch, Andrew J.: American Empire. The Realities and Consequences of U.S. Diplomacy, Cambridge, MA, London 2002, S. 87.

Bahgat, Gawdat: Iran and the United States: The Emerging Security Paradigm in the Middle East, Parameters, Summer 2007, S. 5-18.

Barnett, Thomas S. M.: The Pentagon's New Map: War and Peace in the Twenty-First Century, New York, London 2004.

Baroudi, Sami E.: The 2002 Arab Human Development Report: Implications for Democracy, The Middle East Policy Council, www.mepc.org/public_asp/journal_vol11/0403_baroudi.asp (Abfrage 6.7.2005).

Beard, Charles A.: American Government and Politics, rev. ed., New York 1914.

Beard, Charles A.: An Economic Interpretation of the Constitution of the United States, New York 1913.

Beard, Charles A.: The Open Door at Home, New York 1935. Williams, Appleman William: The Tragedy of American Diplomacy, New York 1962.

Bender, Peter: America: The New Roman Empire?, Orbis, Winter 2003, S. 145-159.

Bolton, John R.: Unilateralism is Not Isolationism, in: Prins, Gwyn (ed.): Understanding Unilateralism in American Foreign Relation, London 2000.

Bolton, John R.: Unilateralism, Multilateralism and the International Criminal Court, in: Stewart, Patrick and Forman, Shepard (eds).: Multilateralism in U.S. Foreign Policy, Boulder CO, 2002, S. 323-344.

Boot, Max: The Case for an American Empire, Weekly Standard, Oct. 15, 2001

Boot, Max: Washington Needs a Colonial Office, Financial Times, July 3, 2003.

Borer, Douglas A.: Inverse Engagement: Lessons from US-Iraq Relations, 1982-1990, Parameters, Summer 2003, S. 51-65.

Borer, Douglas A.: Problems of Economic Statecraft: Rethinking Engagement, in: Bartholomees, Jr., J. Boone (ed.): U.S. Army War College: Guide to National Security Policy and Strategy, 2nd Edition, Washington, D.C., June 2006, S. 249-260.

British memo queried U.S. post-war planning on Iraq, http://www.cbc.ca/world/story/2005/06/12/memo-050612.html (Abfrage 23.2.2007).

Brockhaus, Band 16, 1996.

Bronson, Rachel: Reconstructing the Middle East?, Journal of World Affairs, Summer/Fall 2003, Vol. X, Issue 1, S. 271-280. IISS: The Greater Middle East Initiative, Strategic Comments, Vol. 10, Issue 2, 2004.

Brzezinski, Zbigniew, Hegemonic Quicksand, The National Interest, Winter 2003/2004.

Brzezinski, Zbigniew: A Dangerous Exemption, Foreign Policy, Jul/Aug 2006, http://www.foreignpolicy.com/users/login.php?story_id=3510&URL=http://www.foreignpolicy.com/story/cms.php?story_id=3510.

Buzan, Barry/Waever, Ole/de Wilde, Jaap: Security. A new framework for analysis, Boulder, CO 1998.

Buzan, Barry: American Exceptionalism, Unipolarity and September 11: Understanding the Behaviour of the Sole Superpower, International review 38 (2005), via http://www.siis.org.cn/english/journal/2004/2005spring/Barry%20Buzan.htm, (Abfrage 25.9.2006).

Caldwell Herris, Martha: The Globalization of Energy Markets, Johnson, Douglas M.: Religion and Culture: Human Dimensions of Globalization, in: Kugler, Richard L./Frost, Ellen L.: The Global Century, S. 271-282, abfragbar über www.edu/iss/books/Books_2001 (Abfrage 23.12.2004).

Chace, James: Imperial America and the Common Interest, World Policy Journal, Vol. XIX, No. 1., Spring 2002, S. 1-9.

Chalabi, Fadhil J.: Iraq and the Future of Oil Markets, Middle East Policy Council, Journal Vol. XI, Fall 2004, No. 3. www.mepc.org/public_asp/journal_vol11/0409_chalabi.asp (Abfrage 6.7.2005).

Chun, Clayton K. S.: Economics: American Element of Power or Source of Vulnerability?, in: Bartholomees, Jr., J. Boone (ed.): U.S. Army War College: Guide to National Security Policy and Strategy, 2nd Edition, Washington, D.C., June 2006, S. 241-248.

Clark, J.C.D.: Liberty and Religion: The End of U.S. Exceptionalism?, Orbis, Winter 2005, S. 21-35.

Clavert, John: The Mythic foundations of Radical Islam, Orbis, Vol. 48, No. 1, Winter 2004, S. 29-42.

Commager, Henry Steele: Living Ideas in America, New York, Evanston, London 1951 und 1964.

Cox, Michael, Dunne, Tim, Booth, Ken: Empires, Systems and States: Great Transformations in International Politics, Review of International Studies (2001), 27, S. 1-15.

Danchev, Alex: Greeks and Romans: Anglo-American Relations After 9/11, The RUSI Journal, 2/03, S. S. 16-19.

Desch, Michael C.: Bush and the Generals, Foreign Affairs May/June 2007, http://www.foreignaffairs.org/20070501faessay86309/michael-c-desch/bush-and-the-generals.html (Abfrage 8.5.2007)

Dougherty, James E./Pflatzgraff, Robert L. Jr.: Contending Theories of International Relations. A Comprehensive Survey, 5th ed, New York et al, 2001.

Dowd, Alan W.: Thirteen Years: The Causes and Consequences of the War in Iraq, Parameters, Autumn 2003, S. 46-60.

Dueck, Colin/Takeyh: Iran's Nuclear Challenge, Political Science Quarterly, Vol 122, No. 2, 2007, S. 189-205.

Edwards, John: Reeengaging with the World, Foreign Affairs, September/October 2007, http://www.foreignaffairs.org/20070901faessay 86502/john-edwards/reengaging-with-the-world.html?bcsi_scan_914C7 AC6EF34212A=3/3ozIePk3QVrBqaPgOMyxgAAACqxRAM&bcsi_scan_filename=reengaging-with-the-world.html (Abfrage 1.10.2007).

Edwards, John: Reengaging with the World, Foreign Affairs, September/October 2007.

Ehlers, Eckart/Falaturi, Abdoldjavad/Schweizer, Günther/Stöber, Georg/Winkell, Gerd: Der Islamische Orient. Grundlagen zur Länderkunde eines Kulturraumes, Band 1, Köln 1990.

Erck, Cristina: 'Ursprung und Entwicklung des Islam', in: Aus Politik und Zeitgeschichte, 19.7.1991, S. 30-38.

Esposito, John L./Voll, John O.: Islam and Democracy, Oxford, New York 1996.

Esposito, John L.: Islam. The Straight Path, 3rd ed., Oxford, New York 1998.

Esposito, John: The Islamic Threat, New York, Oxford 1999. Steinbach, Udo/Ende Werner (Hrsg.): Der Islam in der Gegenwart, 2. Aufl., München 1989.

Fallows, James: Will Iran be Next? The Atlantic Monthly, Dec. 2004, S. 99-110.

Ferguson, Niall: A World Without Power, Foreign Policy, July/August 2004.

Ferguson, Niall: Colossus. The Price of America's Empire, New York 2004.

Ferguson, Niall: Hegemony or Empire?, Foreign Affairs, September/October 2003.

Fröschl, Thomas: Understanding Anti-Americanism – Why History Matters, Vortragsmitschrift im Rahmen des Symposiums „The U.S. Image and the Media: We are not all watching the same news", Wien, 29.9.2006.

Fukuyama, Francis: The Neoconservative Moment, The National Interest, Summer 2004, S. 57-68.

Gespräch mit Gary Sick, Columbia University, Director Middle East Institute, School of International and Public Affairs, New York, 17. März 2005.

Gordon, Philip H./Shapiro, Jeremy: Allies at War. America, Europe, and the Crisis Over Iraq, New York et al. 2004, S. 84-85.

Graebner, Norman A.: Ideas and Diplomacy. Readings in the Intellectual Tradition of American Foreign Policy, New York 1964.

Gray, Colin S.: How Has War Changed Since the End of the Cold War?, Parameters, Spring 2005, S. 14-26.

Haas, Richard N.: The U.S.-Middle Easter Partnership Initiative: Building Hope for the Years Ahead, Washington DC, Dec. 12, 2002), www.state.gov/s/p/rem/1568pf.htm (Abfrage 5.4.2004).

Hadar, Leon T.: What Green Peril, in: Foreign Affairs Special Edition 1992/93, S. 27-42.

Hamilton, Alexander/Madison, James/Jay, John: Federalist Papers, New York, London et al 1961.

Hassner, Pierre: The United States: the empire of force or the force of empire?. Chaillot Papers, no. 54, European Union Institute for Security Studies, Paris 2002, S. 26-27.

Hegland, Corine/Munro, Neil, The Faithful, National Journal, December 4, 2004.

Hemmer, Christohper: Responding to a Nuclear Iran, Parameters, Autumn 2007, S. 42-53.

Hendrickson, David C.: Of Power and Providence, Policy Review, February/March 2006, No. 135, verfügbar über: www.policyreview.org/135/hendrickson.html, Abfrage 24.8.2006.

Hendrikson, David C.: Independence and Union: Foundations of American Internationalism, Orbis, Witner 2005, S. 37-51.

Hersh, Seymour: Shifting Targets, The New Yorker, October 8, 2007.

Hottinger, Arnold: Islamischer Fundamentalismus, Paderborn, Wien 1993.

http://bmena.state.gov/c16130.htm (Abfrage 12.12.2006).

http://bmena.state.gov/c20020.htm (Abfrage 12.12.2006)

http://bmena.state.gov/c20022.htm (Abfrage 12.12.2006).

http://en.wikipedia.org/wiki/Plame_affair (Abfrage 12.11.2007).

http://fpc.state.gov/fpc/16799.htm (Abfrage 13.11.2007).

http://mepi.state.gov/c10120.htm (Abfrage 22.10.2006).

http://mepi.state.gov/mepi/ (Abfrage 22.10.2006).

http://omrpublic.iea.org/ (Abfrage 8.7.2005).

http://www.archives.gov/national-archives-experience/charters/declaration_transcript.html (Abfrage 12.11.2007).

http://www.defenselink.mil/policy/sections/policy_offices/isa/nesa/postwar_iraq.html (Abfrage 23.2.2007).

http://www.defenselink.mil/pubs/pdfs/Petraeus-Testimony20070910.pdf (Abfrage 13.9.2007).

http://www.defenselink.mil/specials/unifiedcommand/ (Abfrage 12.11.2007).

http://www.eia.doe.gov/emeu/cabs/usa.html ,Abfrage 8.7.2005.

http://www.eia.doe.gov/oiaf/forecasting.html (Abfrage 23.6.2007 und 13.11.2007).

http://www.energyconversation.org/cms/files/CNAAbove%20groundnpc%20version.ppt (Abfrage 24.10.2007).

http://www.freeworldacademy.com/globalleader/great.htm (Abfrage 6.7.2005).

http://www.geoeconomie.org/english/aproposieg.htm (Abfrage 18.6.2004).

http://www.homeofheroes.com/presidents/speeches/washington_farewell.html (Abfrage 12.11.2007).

http://www.iraqwatch.org/perspectives/rumsfeld-openletter.htm (Abfrage 2.3.2007).

http://www.jimmycarterlibrary.org/documents/speeches/su80jec.phtml (Abfrage 18.7.2005):

http://www.nzz.ch/magazin/dossiers/sanchez_kritik_bush_1.568788.html (Abfrage 15.10.2007).

http://www.weltenergierat.de/ (Abfrage 8.7.2005).

http://www.whitehouse.gov/news/releases/2006/01/200701231-2.html (Abfrage 25.1.2007).

http://www.whitehouse.gov/nsc/nss/2006/.

http://www.whitehouse.gov/stateoftheunion/2006/(Abfrage 2.2.2006).

http://www.whitehouse.gov/stateoftheunion/2006/energy/ (Abfrage 1.3.2006).

http://www.worldenergy.org/wec-geis/publications/reports/ser/gas/gas.asp (Abfrage 8.7.2005).

http://www.worldenergyoutlook.org/2007.asp (Abfrage 13.11.2007).

http://www.yale.edu/lawweb/avalon/declare.htm (Abfrage 2.10.2006).

http://www.yale.edu/lawweb/avalon/neutra93.htm (Abfrage 12.11.2007).

Huntington, Samuel S.: Who are We? Die Krise der amerikanischen Identität, Hamburg, Wien 2004.

Ikenberry, G. John and Slaughter, Anne-Marie: Forging A World Of Liberty Under Law U.S. National Security In The 21st Century. Final Report of the Princeton Project on National Security, Princeton 2007, http://www.wws.princeton.edu/ppns/report/FinalReport.pdf?bcsi_scan_914C7AC6EF34212A=0&bcsi_scan_filename=FinalReport.pdf (Abfrage 1.10.2006).

Ikenberry, G. John: Strategic Reactions to American Preeminence: Great Power Politics in the Age of Unipolarity, http://www.dni.gov/nic/PDF_GIF_2020_Support/2003_11_24_papers/ikenberry_StrategicReactions.pdf#search=%22%22G.%20John%20Ikenberry%22%20und%20%22Strategic%20Reactions%22%22 (Abfrage 28.10.2005).

Jablonsky, David: The State of the National Security State, Parameters, Winter 2002-03, S. 4-20.

Jentleson, Bruce W.: America's Global Role after Bush, Survival, vol. 49, no. 3, Autumn 2007, S. 179-200.

Jentleson, Bruce W.: Tough Love Multilateralism, Washington Quarterly, Winter 2003/2004, S. 7-24.

Jervis, Robert: The Compulsive Empire, Foreign Policy, July/August 2003, S. 83-87.

Jhaveri, Nagyna J.: Petroimperialism: US Oil Interests and the Iraq War, Antipode, Vol 36, Nov. 2004, S. 2-11.

Johnston, Douglas M.: Religion and Culture: Human Dimensions of Globalization, in: Kugler, Richard L./Frost, Ellen L.: The Global Century, S. 665-

681, abfragbar über www.edu/iss/books/Books_2001 (Abfrage 23.12.2004).

Kagan, Robert: Power and Weakness, Policy Review, No 113, June 2002.

Kaplan, Laurence: Fundamentalism in comparative perspective, Amherst 1992.

Kaplan, Lawrence F.: Springtime for Realism, The New Republic, June 21, 2004.

Karawan, Ibrahim A.: The Islamist Impasse, Adelphi Paper 314, London 1997.

Kedourie, Elie: Islamic Fundamentalism Today, NATO's Sixteen Nations, June 1988, S. 18-20.

Kegley, Jr., Charles W. and Wittkopf, Eugene R.: World Politics. Trend and Transformation, 8th ed., Boston, New York 2001.

Kepel, Gilles: Der lange Marsch der Islamisten, in: Europa-Archiv, Folge 3/1992, S. 71-75.

Kienzler, Klaus (Hrsg.): Der neue Fundamentalismus: Rettung oder Gefahr für Gesellschaft und Religion?, Düsseldorf 1990.

Kodmani-Darwish, Bassma: International Security and the Forces of Nationalism and Fundamentalism: Paper II, Adelphi Paper 266/92, S. 43-52.

Kraemer, Thomas D.: Addicted to Oil: Strategic Implications of American Oil Policy, May 2006, http://www.StrategicStudiesInstitute.army.mil/ (Abfrage 23.6.2006).

Kraig, Michael: Assessing Alternative Security Frameworks for the Persian Gulf, Middle East Policy Council, Journal Vol. XI, Fall 2004, No. 3. www.mepc.org/public_asp/journal_vol11/0409_kraig.asp (Abfrage 6.7.2005).

Krauthammer, Charles: Democratic Realism: An American Foreign Policy for A Unipolar World, The 2004 Irving Kristol Lecture, the American Enterprise Institute, Washington, DC.

Krauthammer, Charles: The New Unipolarism, Krauthammer, Charles: The Unipolar Moment Revisited, National Interest 70 (Winter 2002/03), S. 5-17.

Krauthammer, Charles: The Unipolar Era, The National Interest, 70 (Winter 2002/03), ohne Seitenangabe.

Kristol, William: Interdicting North Korea, Wall Street Journal, Apr. 28, 2003.

Kugler, Richard and Binnendijk, Hans: Status Quo Power or Revolutionary Power: Can a proper Balance be struck in U.S. Foreign Policy? CTNSP/NDU, March 2007.

Larrabee, F. Stephen: The Middle East. The Changing Strategic Environment. Prepared for the Center for Middle East Public Policy and the Geneva Centre for Security Policy, June 2006.

Layne, Christopher: America as European Hegemon, The National Interest, Summer 2003, S. 17-29.

Lewis, Bernard: What Went Wrong? Western Impact and Middle Eastern Response, London 2003.

Lipset, Seymour Martin: American Exceptionalism: A Double-Edged Sword, New York 1996.

Lücke, Hanna: „Islamischer Fundamentalismus" - Rückfall ins Mittelalter oder Wegbereiter der Moderne?: Die Stellungnahme der Forschung, Berlin 1993.

Luttwak, Edward: The Endangered American Dream, New York 1993.

Luttwak, Edward: Turbo-Capitalism. Winners and Losers in the Global Economy, New York et al 1999.

Mahan, Alfred Thayer: The Influence of Sea Power upon History, 1660-1783, ohne Ort, 1890.

McCartney, Paul T.: American Nationalism and U.S. Foreign Policy from September 11 to the Iraq War, Political Science Quarterly, Vol. 119, No. 3, 2004, S. 399-423.

McDougall, Walter A.: The Colonial Origins of American Identity, Orbis 1/2005, S. 1-19.

McFaul, Michael: Democracy Promotion As a World Value, The Washington Quarterly, Winter 2004/2005, S. 147-163.

Mead, Walter Russell: God's Country?, Foreign Affairs, September/October 2006, verfügbar über: www. foreignaffairs.org/20006090 1faessay85504/ walter-russell-mead/god-s-coun…, Abfrage 24.8.2006.

Mearsheimer, John J./Walt, Stephen: The Israel Lobby and U.S. Foreign Policy. New York: 2007.

Mearsheimer, John J./Walt, Steven M.: The Israel Lobby and U.S. Foreign Policy, Working Paper KSG, RWP 06-011, March 2006. http://ksgnotes1.harvard.edu/Research/wpaper.nsf/rwp/RWP06-011/$File/rwp_06_011_walt.pdf (Abfrage 2.4.2006).

Mearsheimer, John J./Walt, Steven M.: The Israel Lobby and U.S. Foreign Policy, Middle East Policy, Vol. XIII, No. 3, Fall 2006, S. 29-87.

Mearsheimer, John J./Walt, Steven M.: The Israel Lobby, http://www.lrb.co.uk/v28/n06/mear01_.html (Abfrage 25.3.2006).

Melville, Herman: White Jacket, New York 1850.

Meyer, Thomas (Hrsg.): Fundamentalismus in der modernen Welt: Die Internationale Unvernunft, Frankfurt/M. 1989.

Middle East Policy Council Thirty-fourth in the Capitol Hill Conference Series on U.S. Middle East Policy, Imperial Dreams: Can the Middle East Be Transformed? Washington, Oct. 3, 2003.

Middle East Policy Council: Thirty-first in the Capitol Hill Conference Series on U.S.

Middle East Policy: In the Wake of War: Geo-strategy, Terrorism, Oil Markets, and Domestic Politics, Washington, D.C., January 10, 2003.

Miles, Jack: Religion and American Foreign Policy, Survival, vol 46, no. 1, Spring 2004, S. 23-37.

Moran, Daniel: Strategic Theory and the History of War, in: Baylis, John/Wirtz, James/Cohen, Eliot/Gray, Colin S.: Strategy in the Contemporary World, Oxford, New York 2003, S. 17-44.

Moravcsik, Andrew: Striking the New Transatlantic Bargain, Foreign Affairs, July/August 2003.

Moravcsik, Andrew: Why is U.S. Human Rights Policy So Unilateralist?, in: Patrick, Stewart/Forman, Shepard (eds.): Multilateralism in U.S. Foreign Policy, Boulder, CO 2002, S. 345-376.

Myers, Richard B./Kohn, Richard H.: Salute and Disobey?, Foreign Affairs, Sep./Oct. 2007, http://www.foreignaffairs.org/20070901 faresponse86511/richard-b-myers-richard-h-kohn-mackubin-thomas-owens-lawrence-j-korb-michael-c-desch/salute-and-disobey.html (Abfrage 11.9.2007).

National Academy of Engineering: National Interests in an Age of Global Technology, National Academy Press: Washington D.C. 1991.

National Energy Policy Development Group, Washington May 2001.

National Energy Policy, Report of the National Energy Policy Development Group, Washington, May 2001.

Neuchterlein, Donald E.: America Recommitted: United States National Interests in a Reconstructed World, Lexington 1991.

Nissel, Heinz: Vom Kulturerdteil Orient zur Islamischen Welt. Eine geographische Spurensuche, in: Hakami, Khaled und Steffelbauer, Ilja (Hrsg.): Vom alten Orient zum Nahen Osten. Einführung in eine Weltregion. Ohne weitere Angaben.

Nye, Joseph: America's Power - By Invitation, The Economist, Mar. 21, 2002.

O'Sullivan, John L: The Great Nation of Futurity, The United States Democratic Review, 1893, Vol. 6, Issue 2, S. 426-430.

Ohne Autor: 20/20 Vision? The Middle East to 2020, www.meforum.org/article/586 (Abfrage 18.7.2005).

Olasky, Marvin: The American Leadership Tradition. The inevitable impact of a leader's faith on a nation's destiny, Wheaton, IL, 1999.

Owen, John M.: Why American Hegemony is Here To Stay, http://fesportal.fes.de/pls/portal30/docs/FOLDER (Diskussionsplattform der Friedrich Ebert Stiftung zum Thema „Pax Americana or International Rule of Law? Europe's Options in World Politics" (Abfrage 24.2.2004).

Parker, Geoffrey: After Columbus: Spain's Struggle for Atlantic Hegemony, The Lawrence F. Brewster Lecture in History, XI, East Carolina University, November 1999.

Pawelka, Peter/Richter-Bernburg, Lutz: Religion, Kultur und Politik im Vorderen Orient, Die Islamische Welt im Zeichen der Globalisierung Wiesbaden 2004.

Perthes, Volker: America's „Greater Middle East" and Europe: Key Issues for Dialogue, Middle East Policy Council, Journal Vol. XI, Fall 2004, No. 3. www.mepc.org/public_asp/journal_vol11/0409_perthes.asp (Abfrage 6.7.2005).

Perthes, Volker: Geheime Gärten - Die neue arabische Welt. Goldmann 2003.

Perthes, Volker: Vom Krieg zur Konkurrenz - Regionale Politik und die Suche nach einer neuen arabisch-nahöstlichen Ordnung. Baden-Baden 2000.

Peters, Ralph: The American Mission, Parameters, Autumn 1999, S. 2-8.

Pincus, Walter: Memo: U.S. Lacked Full Postwar Iraq Plan. Advisers to Blair Predicted Instability, Washington Post, June 12, 2005; Page A01.

Pollack, Kenneth M.: The Persian Puzzle. The conflict between Iran and America, New York 2004.

Pollack, Kenneth: The Persian Puzzle: The Conflict Between Iran and America, New York 2005.

Pollack, Kenneth: The Threatening Storm: The Case for Invading Iraq, New York 2002.

President Franklin D. Roosevelt, Message to Congress, January 6, 1941

Rabasa, Angel M.: Political Islam in Southeast Asia: Moderates, Radicals and Terrorists, Adelphi Paper 358, London 2003.

Record, Jeffrey: The Bush Doctrine and War with Iraq, Parameters, Spring 2003, S. 4-21.

Reissner, Johannes: Iran nach dem Irak-Krieg, Studie SWP, Juni 2003.

Remarks by President George W. Bush at the twentieth anniversary of the National Endowment for Democracy, Washington, D. C., 6 November 2003.

Report of the National Energy Policy Development Group, Washington May 2001.

Rhodes, Edward: The Imperial Logic of Bushs Liberal Agenda, Survival, Vol. 45, No. 1, Spring 2003, S. 131-154.

Ricks, Thomas E.: Fiasco. The American Military Adventure in Iraq, London 2006.

Riemer, Andrea K./Hauser, Gunther: Die Nationale Sicherheitsstrategie der USA und die Europäische Sicherheitsstrategie: Ein Vergleich des Unvergleichbaren, Arbeitspapiere zur Internationalen Politik und Außenpolitik, AIPA 2/2004, Institut für Politikwissenschaften der Universität Köln, Köln 2004 (http://www.politik.uni-koeln.de/jaeger/downloads/aipa0204.pdf).

Riemer, Andrea K./Hauser, Gunther: Die Nationale Sicherheitsstrategie der USA und die Europäische Sicherheitsstrategie: Ein Vergleich des Unvergleichbaren, in: Jäger, Thomas/ Höse, Alexander/ Oppermann, Kai (Hg.): Die Sicherheitsstrategien Europas und der USA. Transatlantische Entwürfe für eine Weltordnungspolitik, Baden-Baden 2005, S. 80-110.

Riemer, Andrea K./Hauser, Gunther: Gesamtstrategien im Vergleich: Die Nationale Sicherheitsstrategie der USA und die Europäische Sicherheitsstrategie, INFO-AKTUELL, Landesverteidigungsakademie, Wien 2004.

Riemer, Andrea K.: Aktuelle Entwicklungen der US-Außenpolitik, Vortrag und Manuskript im Rahmen der Sicherheitspolitischen und Wehrtechnischen Tagung, Bonn 6. und 7.12.2005.

Riemer, Andrea K.: Die USA 2025, in: Landesverteidigungsakademie: Aspekte zur Vision BH 2025, Wien 2007, S. 265-282.

Riemer, Andrea K.: Islam as multidimensional potential for crisis? An Analysis from a western Perspective. In: Mustafa Aydin (ed.), The Turkish Yearbook of International Relations 1998, Ankara 2000, S. 29-51.

Riemer, Andrea K.: Missile Defense revisited: Has Europe already lost strategic Track? AARMS, Vol. 6, No. 4, 2007 (forthcoming).

Riemer, Andrea K.: National Security Strategy of the United States of America 2006, Info-Aktuell 2/2006, Landesverteidigungsakademie Wien.

Riemer, Andrea K.: Strategic Thought on both Sides of the Atlantic revisited, AARMS, Vol. 6, No. 2, 2007, S. 229-257.

Riemer, Andrea K.: Strategisches Schnittstellenmanagement zwischen Beharrung und Anpassung: Die amerikanische Außen- und Sicherheitspolitik nach dem II. Weltkrieg am Regionalbogen „Balkan-Mittlerer und Naher Osten", Frankfurt/Main 2007.

Riemer, Andrea K.: The International Order at the Beginning of the 21st Century: Theoretical Considerations, Frankfurt/M. 2007.

Riemer, Andrea K.: The International Order at the Beginning of the 21st Century: Theoretical Considerations, PhD-Thesis, Wien, Budapest 2006.

Riemer, Andrea K.: Theorien Internationaler Beziehungen und neue methodische Ansätze, Frankfurt/Main 2006.

Riemer, Andrea K.: Transatlantic Relations: Visions and Roads Ahead, Vortrag im Rahmen des gemeinsamen Symposiums der Verteidigungsuniversität Brünn und des Instituts für Strategie- und Sicherheitspolitik/Landesverteidigungsakademie Wien, Brünn 22. April 2005.

Riemer, Andrea K.: USA: Konstanten der Außen- und Sicherheitspolitik, Strategiebildung des Nationalen Sicherheitsrates; Möglichkeiten des neuen Präsidenten, Vortrag im Rahmen des Seminars des Pädagogischen Instituts des Bundes, Wr. Neustadt, 25.9.2007.

Riemer, Andrea K.: USA: Quo vadis, Vortrag im Rahmen des Strategie Forums, Landesverteidigungsakademie, Wien, 9.10.2007.

Riemer, Andrea K.: What makes America America, Worldsecuritynetwork, 30.3.2007.

Rogers, Paul: Iran Consequences of a War. Oxford Research Group, Briefing Paper, Feb. 2006.

Rose, David: Neo Culpa, Vanity Fair vom 3.11.2006, www.vanityfair.com/politics/features/2006/12/neocons200612, Abfrage 6.11.2006.

Rosen, Stephen Peter: An Empire, if you can keep it, The National Interest, Spring 2003. http://www.nationalinterest.org/General.aspx?id=92&id2=11674 (Abfrage 24.10.2007).

Roskin, Michael: National Interest: From Abstraction to Strategy, Parameters, Winter 1994, S. 4-18.

Rothkopf, David J.: Inside the Committee that runs the World, Foreign Policy March/April 2005, S. 30-40.

Rovan, Joseph: Der fundamentalistische Islamismus bedroht Europa, in. Internationale Politik, 2/1995, S. 47-52.

Rudolf, Peter: Präventivkrieg als Ausweg?, Studie SWP, Juni 2002.

Ryn, Claes G.: The Ideology of American Empire, Orbis, Summer 2003, S. 383-397.

Selden, Zachary: Neoconservatives and The American Mainstream, Policy Review, Apr/May 2004, 124, S. 32.

Senghaas, Dieter: Schluss mit der Fundamentalismus-Debatte, Blätter für deutsche und internationale Politik 2/1995, S. 180-191.

Sharp, Jeremy: The Broader Middle East and North Africa Initiative: An Overview, CRS Report for Congress, Feb. 15, 2005 (RS 22053), CRS. 1.

Sharp, Jeremy: The Middle East Partnership Initiative: An Overview, CRS Report for Congress, RS 21457. Updated July 23, 2003, Washington DC, 2003.

So balancierte man jahrelang zwischen den beiden Fragen: Was dient dem *Containment*: Der Schutz Israels oder der Zugang zu die Ölquellen?

Spykman, Nicholas: The Geography of Peace, New York, Harcourt & Brace 1944.

Tenet, George/Harlow, Bill: At the Center of the Storm. My Years at the CIA, ohne Ort 2007.

The Brookings Institution. Saban Center for Middle East Policy: Toward a New Iran Policy, 23 November 2004.

The Commission on America's National Interests and Russia: Advancing America Interests and the U.S.-Russian Relationship, Washington D.C., September 2003.

The Commission on America's National Interests: America's National Interests, Washington D.C. 1996.

The Foreign Policy Center et al.: Time to talk, The Case for Diplomatic Solutions to Iran, http://fpc.org.uk/fsblob/831.pdf (Abfrage 5.2.2007).

Thränert, Oliver: Der Iran und die Verbreitung von ABC-Waffen, Studie SWP, August 2003.

Tibi, Bassam: Conflict and War in the Middle East, 2nd ed., London 1998.

Tibi, Bassam: Der Islam und das Problem der kulturellen Bewältigung sozialen Wandels, 3. Aufl., Frankfurt/M. 1991.

Tibi, Bassam: Die fundamentalistische Herausforderung: Der Islam und die Weltpolitik, München 1992.

Tibi, Bassam: Die Krise des modernen Islams, 2. Aufl., Frankfurt/M. 1991.

Tibi, Bassam: Die Krise des modernen Islams. Eine vorindustrielle Kultur im wissenschaftlich-technischen Zeitalter, München 1981.

Tibi, Bassam: Islam Between Culture and Politics, New York, London 2001.

Tibi, Bassam: Islamischer Fundamentalismus, moderne Wissenschaft und Technologie, 2nd ed., Frankfurt/M. 1993.

Tibi, Bassam: Islamischer Fundamentalismus, moderne Wissenschaft und Technologie, Frankfurt/M. 1992.

Tibi, Bassam: Vom Gottesreich zum Nationalstaat: Islam und panarabischer Nationalismus, 2. Aufl., Frankfurt/M. 1991.

Tibi, Bassam: Zwischen Allahs Herrschaft und Weltordnung, MUT 312/93, S. 38-39.

Trainor, Bernard/Gordon, Michael: Cobra II: The Inside Story of the Invasion and Occupation of Iraq, Pantheon 2006.

Turner, Frederick Jackson: The Frontier In American History, New York 1935.

Turner, Frederick Jackson: The Significance of the Frontier in American History, Paper presented at the meeting of the American Historical Association in Chicago, July 12. 1893.

U.S. Committed to Energy Security for All, Abraham Says, http://216.71.84.120/e/p/tp-20040506-13.html (Abfrage 12.7.2005).

United Nations Development Programme and Arab Human Fund for Economic and Social Development: Arab Human Development Report 2002: Creating Opportunities for Future Generations, New York 2002.

Verrastro, Frank A.: Securing U.S. Energy in a Changing World, Middle East Policy Council, Thirty-seventh in the Capitol Hill Conference Series on U.S. Middle East Policy, Washington, D.C., September 17, 2004.

Verrastro, Frank/Ladislaw, Sarah: Facing the Hard Truths About Energy: The Economic, Political, & Environmental Challenges of Moving Forward, National Petroleum Council Report July 2007, Washington, D.C. ppt-Präsentation, Oct. 9, 2007. verfügbar unter http://www.npc.org./ (Abfrage 24.10.2007).

Waever, Ole: Figures of international thought: introducing persons instead of paradigms, in: Neumann, Iver B./Waever, Ole: Masters in Making. The Future of International Relations, London 1997, S. 1-37.

Walker, Martin: Bushs Choice: Athens or Sparta, World Policy Journal, Vol. XVIII, No. 2, Summer 2001.

Werle Rainer: Renaissance des Islam - das Beispiel Türkei, Hamburg, 1987.

Westermann Lexikon der Geographie, Band 3, 1983.

Woodward, Bob: Bush At War, New York 2002.

Woodward, Bob: Plan of Attack, New York 2004.

www.nixonfoundation.org/clientuploads/directory/archive/1973_pdf_files/1973_0339.pdf (Abfrage 23.6.2006).

www.usip.org/isg/

Yaffe, Michael D.: The Gulf and New Middle East Security System, Middle East Policy Council, Journal Vol. XI, Fall 2004, No. 3. www.mepc.org/public_asp/journal_vol11/0409_yaffe.asp (Abfrage 6.7.2005).

Referenzen

1 Tenet, George/Harlow, Bill: At the Center of the Storm. My Years at the CIA, ohne Ort 2007, S. 305.

2 Open Letter to the President, http://www.iraqwatch.org/perspectives/rumsfeld-openletter.htm (Abfrage 2.3.2007). In diesem Brief wurde bereits mehrfach auf das Thema der Massenvernichtungswaffen hingewiesen, u.a.: „*And despite his defeat in the Gulf War, continuing sanctions, and the determined effort of UN inspectors to fetter out and destroy his weapons of mass destruction, Saddam Hussein has been able to develop biological and chemical munitions. To underscore the threat posed by these deadly devices, the Secretaries of State and Defense have said that these weapons could be used against our own people. And you have said that this issue is about "the challenges of the 21st Century.*"

3 Tenet versucht in seinem Buch seine Rolle und jene des CIA in ein realitätsnahes Licht zu rücken, gesteht Fehler freimütig ein und stellt der Mannschaft um Präsident Bush ein schlechtes Zeugnis aus. Vor allem Vizepräsident Cheney kommt in seiner Beurteilung äußerst schlecht weg. So wirft er der Administration, dass nie eine ernsthafte Debatte über die tatsächliche Bedrohung durch den Irak stattgefunden hat. Gleiches gilt für ein Durchdenken eines Regimewechsels und den damit verbundenen Kosten. Die Junktimierung von „9/11" und dem Irak fand bereits einen Tag danach statt und wurde als Botschaft sukzessive in die Administration getragen – besonders von Richard Perle, Doug Feith und Paul Wolfowitz.

4 Vgl. dazu die Arbeiten von Bob Woodward: Woodward, Bob: Bush At War, New York 2002. Woodward, Bob: Plan of Attack, New York 2004.

5 Alleine die Tatsache, ob nun eine Post-Kriegsplanung und ein davon abgedecktes Szenario vorhanden waren, wurde mehrfach diskutiert.

Vgl. dazu z. B. http://www.defenselink.mil/policy/sections/policy_offices/isa/nesa/postwar_iraq.html (Abfrage 23.2.2007). Pincus, Walter: Memo: U.S. Lacked Full Postwar Iraq Plan. Advisers to Blair Predicted Instability, Washington Post, June 12, 2005; Page A01. British memo queried U.S. post-war planning on Iraq, http://www.cbc.ca/world/story/2005/06/12/memo-050612.html (Abfrage 23.2.2007).

6 Vgl. dazu die Fülle an Kommentaren seitens hoher Militärs, insb. der Aussagen vom früheren Oberbefehlshaber der US- Streitkräfte im Irak, Gen.Lt. Ricardo Sanchez im Oktober 2007. http://www.nzz.ch/magazin/dossiers/sanchez_kritik_bush_1.568788.html (Abfrage 15.10.2007).

7 Insbesondere seitens des Vizepräsidenten Cheney und des Verteidigungsministers Rumsfeld. Vgl. dazu beispielhaft die kritische Aufarbeitung von Rothkopf, David J.: Inside the Committee that runs the World, Foreign Policy March/April 2005, S. 30-40.

8 Vgl. z. B. Desch, Michael C.: Bush and the Generals, Foreign Affairs May/June 2007, http://www.foreignaffairs.org/20070501faessay86309/michael-c-desch/bush-and-the-generals.html (Abfrage 8.5.2007) und die Replik: Myers, Richard B./Kohn, Richard H.: Salute and Disobey?, Foreign Affairs, Sep./Oct. 2007, http://www.foreignaffairs.org/20070901faresponse86511/richard-b-myers-richard-h-kohn-mackubin-thomas-owens-lawrence-j-korb-michael-c-desch/salute-and-disobey.html (Abfrage 11.9.2007).

9 State of the Union Address 2007, http://www.whitehouse.gov/news/releases/2006/01/200701231-2.html (Abfrage 25.1.2007).

10 Ein Swing-Producer ist ein Staat, der über derart hohe Ressourcenreserven verfügt, dass er bei Bedarf seine Ölproduktion in einem Ausmaß zu erhöhen bzw. auch drosseln kann, um zur gezielten Gestaltung des Ölpreises beizutragen. Diese Fähigkeit hat Saudi Arabien. Auch der Irak war dazu in der Lage.

11 Der Bericht ist verfügbar unter www.usip.org/isg/

12 Vgl. das Testimony von General Petraeus: Report to Congress on the Situation in Iraq, 10-11 September 2007; http://www.defenselink.mil/pubs/pdfs/Petraeus-Testimony 20070910.pdf (Abfrage 13.9.2007).

13 Dieser Teil beruht auf: Riemer, Andrea K.: USA: Quo vadis, Vortrag im Rahmen des Strategie Forums, Landesverteidigungsakademie, Wien, 9.10.2007. Riemer, Andrea K.: USA: Konstanten der Außen- und Sicherheitspolitik, Strategiebildung des Nationalen Sicherheitsrates; Möglichkeiten des neuen Präsidenten, Vortrag im Rahmen des Seminars des Pädagogischen Instituts des Bundes, Wr. Neustadt, 25.9.2007. Riemer, Andrea K.: Strategic Thought on both Sides of the Atlantic revisited, AARMS, Vol. 6, No. 2, 2007, S. 229-257. Riemer, Andrea K.: Die U.S.A. 2025, in: Landesverteidigungsakademie: Aspekte zur Vision BH 2025, Wien 2007, S. 265-282. Riemer, Andrea K.: What makes America America, Worldsecuritynetwork, 30.3.2007.

14 Ikenberry, G. John and Slaughter, Anne-Marie: Forging A World Of Liberty Under Law U.S. National Security In The 21st Century. Final Report of the Princeton Project on National Security, Princeton 2007, http://www.wws.princeton.edu/ppns/report/FinalReport.pdf?bcsi_scan_914C7AC6EF34212A=0&bcsi_scan_filename=FinalReport.pdf (Abfrage 1.10.2006), p. 12.

15 Vgl. Jentleson, Bruce W.: America's Global Role after Bush, Survival, vol. 49, no. 3, Autumn 2007, S. 179-200. Edwards, John: Reengaging with the World, Foreign Affairs, September/Oktober 2007. Edwards spricht von "smart power" und von reengaging, d.h. von einem neuerlichen Zugehen aufeinander, das letztlich in einem interessengesteuerten Multilateralismus mündet. Ferner verlangt er auch ein reengagement mit dem Militär und meint damit, dass die Politik auf die Expertise des Militärs hören muss, um erfolgreich zu sein. Edwards rekurriert auf Truman und auf Kennedy. Damit bietet er ebenso wenig wie andere demokratische Kandidaten etwas Neues in außenpolitischen Fragen. Vielmehr scheint das Pendel zurück zu schwingen.

Foreign Affairs gibt im Jahr 2007 den Kandidaten für die Präsidentenwahl 2008 die Möglichkeit, ihre außenpolitischen Überlegungen darzustellen.

16 Chace, James: Imperial America and the Common Interest, World Policy Journal, Vol. XIX, No. 1., Spring 2002, S. 2.

17 Vgl. Graebner, Norman A.: Ideas and Diplomacy. Readings in the Intellectual Tradition of American Foreign Policy, New York 1964, S. 164-212. Die Frontier ist ein typisches Phänomen des 19. Jahrhunderts. Mit dem Homestead Act 1862 wurde die Landnahme organisiert. 1890 wurde dieses Unterfangen offiziell für beendet erklärt. Turner: *„The existence of an area of free land, its continuous recession, and the advance of American settlement westward explain American development."*

18 Vgl. Clark, J.C.D.: Liberty and Religion: The End of U.S. Exceptionalism?, Orbis, Winter 2005, S. 21-35.

19 Vgl. Graebner, Norman A.: Ideas and Diplomacy. Readings in the Intellectual Tradition of American Foreign Policy, New York 1964, S. 341-346 und 394-395.

20 Vgl. Hendrickson, David C.: Of Power and Providence, Policy Review, February/March 2006, No. 135, verfügbar über: www.policyreview.org/135/hendrickson.html, (Abfrage 24.8.2006), im Ausdruck bes. S. 4-5.

21 Vgl. dazu Fröschl, Thomas: Understanding Anti-Americanism – Why History Matters, Vortragsmitschrift im Rahmen des Symposiums „The U.S. Image and the Media: We are not all watching the same news", Wien, 29.9.2006.

22 Declaration of Independence, http://www.yale.edu/lawweb/avalon/declare.htm (Abfrage 2.10.2006).

23 Vgl. http://www.archives.gov/national-archives-experience/charters/declaration_transcript.html (Abfrage 12.11.2007): „*When in the Course of human events, it becomes necessary for one people to dissolve the political bands which have connected them with another, and to assume among the powers of the earth, the separate and equal station to which the Laws of Nature and of Nature's God entitle them, a decent respect to the opinions of mankind requires that they should declare the causes which impel them to the separation.*

... *The history of the present King of Great Britain is a history of repeated injuries and usurpations, all having in direct object the establishment of an absolute Tyranny over these States. To prove this, let Facts be submitted to a candid world.*"

24 Huntington, Samuel S.: Who are We? Die Krise der amerikanischen Identität, Hamburg, Wien 2004, S. 39.

25 http://www.archives.gov/national-archives-experience/charters/declaration_transcript.html (Abfrage 12.11.2007):

26 Vgl. dazu Mead, Walter Russell: God's Country?, Foreign Affairs, September/Oktober 2006, verfügbar über: www. foreignaffairs.org/200060901faessay85504/walter-russell-mead/god-s-coun..., Abfrage 24.8.2006.

27 Vgl. McDougall, Walter A.: The Colonial Origins of American Identity, Orbis, Winter 2005, S. 7-19. Ferner Commager, Henry Steele: Living Ideas in America, New York, Evanston, London 1951 und 1964, S. 493-545.

28 Zur aktuellen Debatte vgl.: Miles, Jack: Religion and American Foreign Policy, Survival, vol 46, no. 1, Spring 2004, S. 23-37. Bacevich, Andrew J./Prodromou Elizabeth H.: God is Not Neutral: Religion and U.S. Foreign Policy after 9/11, Orbis, Vol. 48, No. 1, Winter 2004, S. 43-54. Hegland, Corine/Munro, Neil, The Faithful, National Journal, December 4, 2004. Vgl. Auch Olasky, Marvin: The American Leadership Tradition. The inevitable impact of a leader's faith on a nation's destiny, Wheaton, IL, 1999. Der Autor beschreibt in einem historischen Bogen ausgewählte amerikanische Präsidenten und ihr Verhältnis zur Religion. Ferner analysiert er, inwieweit religiöse Ideen die jeweiligen Präsidentschaften und die politischen Programme und Entscheidungen beeinflussten. Vgl. weiters: Huntington, Samuel S.: Who are We? Die Krise der amerikanischen Identität, Europaverlag, Hamburg, Wien 2004. Huntington führt in

seinem neuesten Werk detailliert die Rolle der Religion für die amerikanische Identität und für die Rolle der USA in der Welt aus. Besonders geht er auf die jahrzehntelange Dominanz der angloprotestantischen Leitkultur und die angloamerikanische Siedlerkultur ein, die durch die massive Zuwanderung von Hispanics sukzessive unterwandert wird. Ergänzend kommen Moralvorstellungen, die protestantische Arbeitsethik, die englische Sprache, die aus Großbritannien kommende Tradition der Herrschaft von Recht und Gesetz, die Beschränkung der Regierungsgewalt und das europäische Erbe von Kunst, Literatur, Philosophie und Musik dazu.

29 Vgl. McDougall, Walter A.: The Colonial Origins of American Identity, Orbis 1/2005, S. 1-19.

30 Olasky meint, dass Washington's Lebens und seine Einstellung zur Religion die Erstellung der Verfassung und seine Präsidentschaft prägten. Vgl. Olasky, Marvin: The American Leadership Tradition. The inevitable impact of a leader's faith on a nation's destiny, Wheaton, IL 1999, S. 15.

31 Vgl. McCartney, Paul T.: American Nationalism and U.S. Foreign Policy from September 11 to the Iraq War, Political Science Quarterly, Vol 119, No. 3, 2004, S. 404.

32 Die nachfolgende Gliederung beruht auf Mead, Walter Russell: God's Country?, Foreign Affairs, September/Oktober 2006, verfügbar über: www. foreignaffairs.org/20006090 1faessay85504/walter-russell-mead/god-s-coun..., Abfrage 24.8.2006.

33 Modernisten argumentierten für eine Integration der wissenschaftlichen Erkenntnisse in das religiöse Leben und die Lehre, während die Gegner für ein Leben im wörtlichen Sinn der Bibel argumentierten und die fundamentalen Lehrinhalte forcierten.

34 Niederländischer Protestant aus dem 16. Jahrhundert.

35 Ein Brite, der seine Ideen auf dem deutschen Pietismus gründete.

36 http://www.archives.gov/national-archives-experience/charters/declaration_transcript.html (Abfrage 12.11.2007).

37 Huntington bezeichnet dies als das ‚amerikanische Credo'. Vgl. Huntington, Samuel S.: Who are We? Die Krise der amerikanischen Identität, Hamburg, Wien 2004, S. 70-73; S. 93-96.

38 Vgl. McFaul, Michael: Democracy Promotion As a World Value, The Washington Quarterly, Winter 2004/2005, S. 147-163.

39 Vgl. McCartney, Paul T.: American Nationalism and U.S. Foreign Policy from September 11 to the Iraq War, Political Science Quarterly, Vol 119, No. 3, 2004, S. 401.

40 Vgl. Clark, J.C.D.: Liberty and Religion: The End of U.S. Exceptionalism?, Orbis, Winter 2005, S. 21-35.

41 Vgl. Turner, Frederick Jackson: The Frontier In American History, New York 1935. Ferner: Turner, Frederick Jackson: The Significance of the Frontier in American History, Paper presented at the meeting of the American Historical Association in Chicago, July 12. 1893. It first appeared in the Proceedings of the State Historical Society of Wisconsin, December 14, 1893.

Zu *Mission* vgl. Peters, Ralph: The American Mission, Parameters, Autumn 1999, S. 2-8.

42 Das Thema „Imperfektionismus“ fand kaum Eingang in den politischen Dialog, sondern höchstens in der Literatur seinen Widerhall (z.B. bei Nathaniel Hawthorne und Herman Melville).Andererseits meinte Melville: „*We Americans are the peculiar chosen people – the Israel of our time.*“ Melville, Herman: White Jacket, New York 1850, Kapitel 36. Thomas Paine stellte fest, dass die USA die Möglichkeit haben, die Welt neu aufzubauen.

43 Den *American Messianism* findet man sehr stark wieder in den Reden von Bush, wenn er von ‚nonnegotiable demands‘ spricht. Dabei sind seine Ansichten der Maßstab für seine Entscheidungen. Vgl. auch Selden, Zachary: Neoconservatives and The American Mainstream, Policy Review, Apr/May 2004, 124, S. 32. Bush hatte jedoch die Ideen offenbar nicht in der Weise umgesetzt, wie sich die Neo-Konservativen sich dies wünschten. Vgl. dazu: Rose, David: Neo Culpa, Vanity Fair vom 3.11.2006, www.vanityfair.com/politics/features/2006/12/neocons200612, Abfrage 6.11.2006. In diesem Interview äußern sich Richard Perle, David Frum und Kenneth Adelman äußerst kritisch über die Regierung Bush und ihr neoconservatives Verständnis.

Der Begriff des Messianic Imperialism geht auf Geoffrey Parker und seine Analyse vom Reich Karl V. zurück. Parker definiert den M.I. derart, als er eine Verbindung zwischen dem Führer und Gottes Wille herstellt. Gott führt den Kaiser und unterstützt ihn auch mit Wundern, um seine Ziele zu erreichen. Vgl. Parker, Geoffrey: After Columbus: Spain's Struggle for Atlantic Hegemony, The Lawrence F. Brewster Lecture in History, XI, East Carolina University, November 1999.

In einem Interview mit The Observer meinte George W. Bush vor seiner Wahl: *„I feel like God wants me to run for president. I can't explain it, but I sense my country is going to need me. Something is going to happen … I know it won't be easy for me or my family but God wants me to do it.“*

44 Buzan, Barry: American Exceptionalism, Unipolarity and September 11: Understanding the Behaviour of the Sole Superpower, *International review* 38 (2005), via http://www.siis.org.cn/english/journal/2004/2005spring/Barry%20Buzan.htm, (Abfrage 25.9.2006), im Ausdruck auf S. 8.

45 Hassner, Pierre: The United States: the empire of force or the force of empire?. Chaillot Papers, no. 54, European Union Institute for Security Studies, Paris 2002, S. 26-27.

46 Vgl. dazu O'Sullivan, John L: The Great Nation of Futurity, The United States Democratic Review, 1893, Vol. 6, Issue 2, S. 426-430.

47 Vgl. Krauthammer, Charles: The New Unipolarism, Krauthammer, Charles: The Unipolar Moment Revisited, National Interest 70 (Winter 2002/03), S. 5-17. Kritisch gegenüberstellend z.B. Jentleson, Bruce W.: Tough Love Multilateralism, Washington Quarterly, Winter 2003/2004, S. 7-24. So gesehen ist die These von der Krise des Multilateralismus falsch, als es ihn nach dem Ende des Ost-West-Konflikts nie wirklich gab. Vgl. auch Menzel, Ulrich: Comeback der drei Welten: Der amerikanische Sonderweg und die Alternativmacht Europa, Blätter für deutsche und internationale Politik, 12/2003, S. 1453–1462. Hendrikson, David C.: Independence and Union: Foundations of American Internationalism, Orbis, Witner 2005, S. 37-51.

48 Vgl. Selden, Zachary: Neoconservatives and The American Mainstream, Policy Review, Apr/May 2004, 124, S. 32.

49 Manche Autoren ziehen in ihrer Einschätzung eine Parallele zwischen den USA von heute und den Jakobinern, welche die Französische Revolution (1978) inspirierten und führten. Auch sie gingen von den universellen Werten *liberté, egalité et fraternité* aus, die sie mit monopolistischen Ansprüchen verbrämten. Vgl. Ryn, Claes G.: The Ideology of American Empire, Orbis, Summer 2003, S. 384-386.

Vereinzelt gibt es auch Stimmen, die von einer nahezu kompletten Umkehrung der Prinzipien der Gründungsväter nach dem Zweiten Weltkrieg sprechen. Vgl. Asmus, Ronald D.: The New U.S. Strategic Debate, Santa Monica, CA: RAND, 1994, Chapter Two, S. 5-19.

50 Vgl. Irving Babitt, 1865-1933.

51 Unter Bush und seinem Team erleben alle diese Ideen eine Renaissance.

52 Vgl. Bacevitch, Andrew J.: American Empire. The Realities and Consequences of U.S. Diplomacy, Cambridge, MA, London 2002, S. 87.

53 Vgl. McCartney, Paul T.: American Nationalism and U.S. Foreign Policy from September 11 to the Iraq War, Political Science Quarterly, Vol 119, No. 3, 2004, S. 406-407.

54 Buzan, Barry: American Exceptionalism, Unipolarity and September 11: Understanding the Behaviour of the Sole Superpower, *International review* 38 (2005), via http://www.siis.org.cn/english/journal/2004/2005spring/Barry%20Buzan.htm, (Abfrage 25.9.2006), im Ausdruck auf S. 5.

55 Vgl. Commager, Henry Steele: Living Ideas in America, New York, Evanston, London 1951 und 1964, S. 648-703.

56 Vgl. dazu: Hamilton, Alexander/Madison, James/Jay, John: Federalist Papers, New York, London et al 1961.

57 Vgl. z. B. http://www.homeofheroes.com/presidents/speeches/washington_farewell.html (Abfrage 12.11.2007): *„The Great rule of conduct for us, in regard to foreign Nations is in extending our commercial relations to have with them as little political connection as possible. So far as we have already formed engagements let them be fulfilled, with perfect good faith. Here let us stop.*

Europe has a set of primary interests, which to us have none, or a very remote relation. Hence she must be engaged in frequent controversies, the causes of which are essentially foreign to our concerns. Hence therefore it must be unwise in us to implicate ourselves, by artificial ties, in the ordinary vicissitudes of her politics, or the ordinary combinations & collisions of her friendships, or enmities.

Our detached & distant situation invites and enables us to pursue a different course. If we remain one People, under an efficient government, the period is not far off, when we may defy material injury from external annoyance; when we may take such an attitude as will cause the neutrality we may at any time resolve upon to be scrupulously respected; when belligerent nations, under the impossibility of making acquisitions upon us, will not lightly hazard the giving us provocation; when we may choose peace or War, as our interest guided by justice shall Counsel."

58 Vgl. http://www.yale.edu/lawweb/avalon/neutra93.htm (Abfrage 12.11.2007): „*Whereas it appears that a state of war exists between Austria, Prussia, Sardinia, Great Britain, and the United Netherlands, of the one part, and France on the other; and the duty and interest of the United States require, that they should with sincerity and good faith adopt and pursue a conduct friendly and impartial toward the belligerant Powers;*

I have therefore thought fit by these presents to declare the disposition of the United States to observe the conduct aforesaid towards those Powers respectfully; and to exhort and warn the citizens of the United States carefully to avoid all acts and proceedings whatsoever, which may in any manner tend to contravene such disposition."

59 Vgl. z.B. Beard, Charles A.: An Economic Interpretation of the Constitution of the United States, New York 1913. Beard, Charles A.: American Government and Politics, rev. ed., New York 1914. Beard, Charles A.: The Open Door at Home, New York 1935. Williams, Appleman William: The Tragedy of American Diplomacy, New York 1962. Vgl. ergänzend Bacevich, Andrew J.: American Empire. The Realities & Consequences of U.S. Diplomacy, Cambridge, MA, London, 2002, S. 11-31. Ferner trugen die *Open Door notes* (diplomatische Noten an fremde Staatsoberhäupter) von U.S.-Außenminister John Hay (1899 und 1900) zur Durchsetzung dieser Politik wesentlich bei.

60 Dazu rät auch Robert Art J. Art in seinem Buch: A Grand Strategy for America, New York 2003.

61 Vgl. dazu Bolton, John R.: Unilateralism is Not Isolationism, in: Prins, Gwyn (ed.): Understanding Unilateralism in American Foreign Relation, London 2000, S. 50-82. Bolton, John R.: Unilateralism, Multilateralism and the International Criminal Court, in: Stewart, Patrick and Forman, Shepard (eds).: Multilateralism in U.S. Foreign Policy, Boulder CO, 2002, S. 323-344.

62 Buzan bringt eine Liste beginnend bei der Ära Reagan bis dato, wo die USA unilateral agierten. Buzan, Barry: American Exceptionalism, Unipolarity and September 11: Understanding the Behaviour of the Sole Superpower, International review 38 (2005), via http://www.siis.org.cn/english/journal/2004/2005spring/Barry%20Buzan.htm, (Abfrage 25.9.2006), im Ausdruck auf S. 11-12.

63 Vgl. Buzan, Barry: American Exceptionalism, Unipolarity and September 11: Understanding the Behaviour of the Sole Superpower, *International review* 38 (2005), via http://www.siis.org.cn/english/journal/2004/2005spring/Barry%20Buzan.htm, (Abfrage 25.9.2006), im Ausdruck auf S. 12.

64 Wenngleich manche Experten die Frage stellen, ob dieser nicht schon tot sei. Vgl. Moravcsik, Andrew: Striking the New Transatlantic Bargain, Foreign Affairs, July/August 2003. Man versteht darunter eine Doktrin der Zusammenarbeit zwischen Westeuropa und nordamerikanischer Staaten in den Bereich Politik, Wirtschaft und Verteidigung. Manche Autoren sprechen vom Ende des Atlanticism und charakterisieren die Phase nach 1989/90 als Post-Atlantizismus.

65 Die Theorie des „Domino"-Effektes – von RAND in den fünfziger Jahren erarbeitet - beschrieb einen Zustand, in welchem durch einen exogenen Anstoß gegen einen Staat, ausgelöst durch eine dominierende Macht, dieser Staat „zu Fall gebracht" wird. Dieser Fall destabilisiert oder schüchtert auch andere Staaten in der Region so stark ein, dass auch diese Staaten – gemäß der Metapher der Dominosteine - fallen. Nach dem Vorbild

in Europa („Ostblock"), sah man im Fall Vietnams und von Laos eine Entwicklung, die letztlich alle Staaten Südost-Asiens in das kommunistische Lager führen würde. Die USA meinten, nur aktive Gegenmaßnahmen könnten dies verhindern.

66 *„We look forward to a world founded upon four essential human freedoms. The first is freedom of speech and expression--everywhere in the world. The second is freedom of every person to worship God in his own way-- everywhere in the world. The third is freedom from want . . . everywhere in the world. The fourth is freedom from fear . . . anywhere in the world."* President Franklin D. Roosevelt, Message to Congress, January 6, 1941. Diese vier Freiheiten fanden sich bereits in der Aufklärung des 18. Jahrhunderts, in den Federalist Papers, bei Lincoln und in Wilsons 14 Punkten. Vgl. auch Commager, Henry Steele: Living Ideas in America, New York, Evanston, London 1951 und 1964, S. 694-698.

67 Vgl. Commager, Henry Steele: Living Ideas in America, New York, Evanston, London 1951 und 1964, S. 698-699.

68 Vgl. dazu: Buzan, Barry: American Exceptionalism, Unipolarity and September 11: Understanding the Behaviour of the Sole Superpower, *International review* 38 (2005), via http://www.siis.org.cn/english/journal/2004/2005spring/Barry%20Buzan.htm, (Abfrage 25.9.2006), im Ausdruck auf S. 8.

69 Vgl. dazu Ikenberry, G. John: Strategic Reactions to American Preeminence: Great Power Politics in the Age of Unipolarity, http://www.dni.gov/nic/PDF_GIF_2020_Support/2003_11_24_papers/ikenberry_StrategicReactions.pdf#search=%22%22G.%20John%20Ikenberry%22%20und%20%22Strategic%20Reactions%22%22 (Abfrage 28.10.2005).

70 Der immer wieder getätigte Ausspruch: „Left fish, right fish, up weak, down weak" karikiert bezeichnend die Situation.

71 Vgl. dazu Fröschl, Thomas: Understanding Anti-Americanism – Why History Matters, Vortragsmitschrift im Rahmen des Symposiums „The U.S. Image and the Media: We are not all watching the same news", Wien, 29.9.2006.

72 Zur Problematik von Crusade: Rhodes, Edward: The Imperial Logic of Bushs Liberal Agenda, Survival, Vol. 45, No. 1, Spring 2003, S. 143. Der Begriff ‚crusade' weicht im Englischen von der deutschen Bedeutung insofern ab, als er nichts mit dem europäischen Kreuzzuggedanken zu tun hat, sondern sich viel mehr auf das Umsetzen von Ideen mit Verve, Enthusiasmus und einem missionarischem Verhalten bezieht. Es ist jedoch nicht zu leugnen, dass unter der Regierung George W. Bush und der seine Politik beeinflussenden Gruppen der religiöse Aspekt im Kreuzzuggedanken Auftrieb erhielt. Vgl. weiters Graebner, Norman A.: Ideas and Diplomacy. Readings in the Intellectual Tradition of American Foreign Policy, New York 1964, S. 406-486 und S. 648-710.

73 Vgl. Mahan, Alfred Thayer: The Influence of Sea Power upon History, 1660-1783, ohne Ort, 1890. Vgl. die sehr kompakte Zusammenfassung von Moran, Daniel: Strategic Theory and the History of War, in: Baylis, John/Wirtz, James/Cohen, Eliot/Gray, Colin S.: Strategy in the Contemporary World, Oxford, New York 2003, S. 32-36.

74 Vgl. Spykman, Nicholas: The Geography of Peace, New York, Harcourt & Brace 1944, S. 6.

75 Vgl. die Karte der Aufteilung der Verantwortungsbereiche der Teilkommanden: http://www.defenselink.mil/specials/unifiedcommand/ (Abfrage 12.11.2007): U.S. Northern Command (Peterson Air Force Base, Colo.), U.S. Pacific Command (Honolulu, Hawaii), U.S. Southern Command (Miami, Fla.), U.S. Central Command (MacDill Air Force Base, Fla.), U.S. European Command (Stuttgart-Vaihingen, Germany), U.S. Joint Forces Command (Norfolk, Va.), U.S. Special Operations Command (MacDill Air Force Base, Fla.), U.S. Transportation Command (Scott Air Force Base, Ill.), U.S. Strategic Command (Offutt Air Force Base, Neb.), U.S. Africa Command (Aufstellungsstab in Stuttgart-Kelley Barracks – umfasst alle afrikanischen Staaten mit Ausnahme von Ägypten, welches weiter aufgrund der Bedeutung für den Nahen Osten im Bereich CENTCOM bleiben wird und soll im September 2008 einsatzbereit sein).

76 Vgl. dazu die Ausführungen von Richard Clarke und George Tenet zum Aufkommen neuer Formen des Terrorismus, insb. von Gruppen wie Al Kaida ab Mitte der 1990er Jahre und die Reaktion politischer Entscheidungsträger.

77 Vgl. Gordon, Philip H./Shapiro, Jeremy: Allies at War. America, Europe, and the Crisis Over Iraq, New York et al. 2004, S. 84-85.

78 Vgl. dazu Lipset, Seymour Martin: American Exceptionalism: A Double-Edged Sword, New York 1996, S. 31-39.

79 Vgl. dazu Moravcsik, Andrew: Why is U.S. Human Rights Policy So Unilateralist?, in: Patrick, Stewart/Forman, Shepard (eds.): Multilateralism in U.S. Foreign Policy, Boulder, CO 2002, S. 345-376, bes. S. 352-357.

80 Vgl. Lipset, Seymour Martin: American Exceptionalism: A Double-Edged Sword, New York 1996.

81 Vgl. Buzan, Barry/Waever, Ole/de Wilde, Jaap: Security. A new framework for analysis, Boulder, CO 1998, S. 23-26. Der Begriff ist als solcher nicht sinnvoll ins Deutsche übersetzbar und findet sich auch nicht in der relevanten deutschsprachigen Fachliteratur. Buzan hat den Begriff als erster erwähnt, da er ihn für die Feststellung, ab wann eine Bedrohung zur selben wird, heranzog und so den Erklärungsgehalt seiner Aussagen zu Bedrohungen signifikant erhöhen konnte.

82 Vgl. aktuelle Entwicklungen: Riemer, Andrea K.: The International Order at the Beginning of the 21st Century: Theoretical Considerations, Frankfurt/M. 2007, S. 90.

83 Buzan, Barry: American Exceptionalism, Unipolarity and September 11: Understanding the Behaviour of the Sole Superpower, International review 38 (2005), via http://www.siis.org.cn/english/journal/2004/2005spring/Barry%20Buzan.htm, (Abfrage 25.9.2006), im Ausdruck auf S. 14-15.

84 McDougall, Walter A.: The Colonial Origins of American Identity, Orbis, Winter 2005, S. 18-19.

85 Vgl. zur Entwicklung des National Interest nach 1945: Jablonsky, David: The State of the National Security State, Parameters, Winter 2002-03, S. 4-20. Gray, Colin S.: How Has War Changed Since the End of the Cold War?, Parameters, Spring 2005, S. 14-26. Graebner, Norman A.: Ideas and Diplomacy. Readings in the Intellectual Tradition of American Foreign Policy, New York 1964, S. 3-17.

86 Vgl. ergänzend auf Nuancierungen und Differenzierungen bei: Art, Robert J.: A Defensible Defense. America's Grand Strategy After the Cold War, International Security, Spring 1991 (Vol. 15, No. 4), S. 5-53, bes. S. 7-8.

87 Vgl. dazu als Beispiel: The Commission on America's National Interests: America's National Interests, Washington D. C. 1996, S. 22-26. Ähnlich ist die Struktur in der Fassung vom Juli 2000. Vgl. The Commission on America's National Interests: America's National Interests, Washington DC, July 2000, S. 5-8. Auf der bilateralen Ebene finden sich wichtige Strukturierungsanregungen in: The Commission on America's National Interests and Russia: Advancing America Interests and the U.S.-Russian Relationship, Washington D.C., September 2003. Für eine Sparte wurde folgender Bericht verfasst: National Academy of Engineering: National Interests in an Age of Global Technology, National Academy Press: Washington D.C. 1991.

88 Morgenthau geht z. B. von einer Einteilung in vitale und sekundäre Interessen (Bedeutung) aus, die sich weiters nach der Dauer in temporär und permanent, nach dem Spezifizierungsgrad in speziell und allgemein und nach ihrer Verträglichkeit in konkurrierend und komplementär eingeteilt wurden. Vgl. Roskin, Michael: National Interest: From Abstraction to Strategy, Parameters, Winter 1994, S. 4-18. Robert Art gliedert in seinen Ausführungen in vital interests und desirable interests. Vgl. Art, Robert J.: Geopolitics Updated, International Security, Vol 23, No. 3 (Winter 1998/99), S. 79-113. Eine Konkretisierung findet sich bei: Art, Robert J.: A Defensible Defense. America's Grand Strategy After the Cold War, International Security, Spring 1991 (Vol. 15, No. 4), S.5-53, bes. S. 8. Auch die beiden Kommissionsberichte enthalten konkrete nationale Interessen der USA.

89 Vgl. Riemer, Andrea K.: Theorien Internationaler Beziehungen und neue methodische Ansätze, Frankfurt/Main 2006. Riemer, Andrea K.: Strategisches Schnittstellenmanagement zwischen Beharrung und Anpassung: Die amerikanische Außen- und Sicherheitspolitik nach dem II. Weltkrieg am Regionalbogen „Balkan-Mittlerer und Naher Osten", Frankfurt/Main 2007. In beiden Arbeiten wird auf die enge Verknüpfung von Theorie und strategisch-politischer Praxis in den USA eingegangen.

90 http://www.whitehouse.gov/nsc/nss/2006/, NSS 2006, S. 49.

91 **Ontologie** bezieht sich auf die Frage ‚was ist', d.h. worüber reden wir in den Theorien internationaler Beziehungen? Über Staaten, Gruppen, Individuen etc. **Epistemologie** bezieht sich auf die Fragen ‚wie wissen wir, dass wir wissen und was wir wissen?' D.h. es geht um die Art des Wissens, um die Fragen, wie Wissen geschaffen werden kann und welche Methoden dabei verwendet werden und mit welchem Grad an Sicherheit man Aussagen machen kann. Vgl. zur Einteilung: Waever, Ole: Figures of international thought: introducing persons instead of paradigms, in: Neumann, Iver B./Waever, Ole: Masters in Making. The Future of International Relations, London 1997, S. 1-37. Einen umfassenden Überblick bieten: Dougherty, James E./Pflatzgraff, Robert L. Jr.: Contending Theories of International Relations. A Comprehensive Survey, 5th ed, New York et al, 2001.

92 Kegley, Jr., Charles W. and Wittkopf, Eugene R.: World Politics. Trend and Transformation, 8th ed., Boston, New York 2001, S. G-14. Zusammengefasst bedeutet das Sicherheitsdilemma, dass "as *each enemy's effort to increase its own security by arming actually leads to a decline in security on both sides.*" Kegley, Jr., Charles W. and Witt-

kopf, Eugene R.: World Politics. Trend and Transformation, 8th ed., Boston, New York 2001, S. 102.

93 Vgl. dazu: Riemer, Andrea K.: Aktuelle Entwicklungen der US-Außenpolitik, Vortrag und Manuskript im Rahmen der Sicherheitspolitischen und Wehrtechnischen Tagung, Bonn 6. und 7.12.2005. Riemer, Andrea K./Hauser, Gunther: Die Nationale Sicherheitsstrategie der USA und die Europäische Sicherheitsstrategie: Ein Vergleich des Unvergleichbaren, in: Jäger, Thomas/ Höse, Alexander/ Oppermann, Kai (Hg.): Die Sicherheitsstrategien Europas und der USA. Transatlantische Entwürfe für eine Weltordnungspolitik, Baden-Baden 2005, S. 80-110.

94 Vgl. dazu Krauthammer, Charles: The Unipolar Era, The National Interest, 70 (Winter 2002/03), ohne Seitenangabe. Krauthammer, Charles: The New Unipolarism, Krauthammer, Charles: The Unipolar Moment Revisited, National Interest 70 (Winter 2002/03), S. 5-17. Kritisch gegenüberstellend z.B. Jentleson, Bruce W.: Tough Love Multilateralism, Washington Quarterly, Winter 2003/2004, S. 7-24. Krauthammer, Charles: Democratic Realism: An American Foreign Policy for A Unipolar World, The 2004 Irving Kristol Lecture, the American Enterprise Institute, Washington, DC. Kritisch und als Replik auf Krauthammer: Fukuyama, Francis: The Neoconservative Moment, The National Interest, Summer 2004, S. 57-68. Bender, Peter: America: The New Roman Empire?, Orbis, Winter 2003, S. 145-159. Brzezinski, Zbigniew, Hegemonic Quicksand, The National Interest, Winter 2003/2004. Boot, Max: The Case for an American Empire, Weekly Standard, Oct. 15, 2001 (im Übrigen wenige Wochen nach den Anschlägen von 9/11). Boot, Max: Washington Needs a Colonial Office, Financial Times, July 3, 2003. Chace, James: Imperial America and the Common Interest, World Policy Journal, Vol. XIX, No. 1., Spring 2002, S. 1-9. Cox, Michael, Dunne, Tim, Booth, Ken: Empires, Systems and States: Great Transformations in International Politics, Review of International Studies (2001), 27, S. 1-15. Danchev, Alex: Greeks and Romans: Anglo-American Relations After 9/11, The RUSI Journal, 2/03, S. S. 16-19. Ferguson, Niall: Hegemony or Empire?, Foreign Affairs, September/October 2003. Ferguson, Niall: A World Without Power, Foreign Policy, July/August 2004. Jervis, Robert: The Compulsive Empire, Foreign Policy, July/August 2003, S. 83-87. Kristol, William: Interdicting North Korea, Wall Street Journal, Apr. 28, 2003, S. A12 ('We need to err on the side of being strong. And if people want to say we're an imperial power, fine.'). Layne, Christopher: America as European Hegemon, The National Interest, Summer 2003, S. 17-29. Nye, Joseph: America's Power - By Invitation, The Economist, Mar. 21, 2002. Owen, John M.: Why American Hegemony is Here To Stay, http://fesportal.fes.de/pls/portal30/docs/FOLDER (Diskussionsplattform der Friedrich Ebert Stiftung zum Thema „Pax Americana or International Rule of Law? Europe's Options in World Politics" (Abfrage vom 24.2.2004). Rosen, Stephen Peter: An Empire, if you can keep it, The National Interest, Spring 2003. Ryn, Claes G.: The Ideology of American Empire, Orbis, Summer 2003, S. 383-397. Walker, Martin: Bushs Choice: Athens or Sparta, World Policy Journal, Vol. XVIII, No. 2, Summer 2001. Rhodes, Edward: The Imperial Logic of Bushs Liberal Agenda, Survival, Vol. 45, No. 1, Spring 2003, S. 131-154. Rosen, Stephen Peter: An empire, if you can keep it, The National Interest, Spring 2003. Bacevich, Andrew: The Imperial Tense. Prospects and Problems of American Empire, Chicago, IL Dec. 2003. Ferguson, Niall: Colossus. The Price of America's Empire, New York 2004. Barnett, Thomas S. M.: The Pentagon's New Map: War and Peace in the Twenty-First Century, New York, London 2004. Kagan, Robert: Power and Weakness, Policy Review, No 113, June 2002. Rhodes, Edward: The

Imperial Logic of Bushs Liberal Agenda, Survival, vol. 45, no. 1, Spring 2003. Kaplan, Lawrence F.: Springtime for Realism, The New Republic, June 21, 2004.

95 Die Affäre rund um die CIA-Agentin Valery Plame und ihren Mann, den ehemaligen U.S. Botschafter Joseph Wilson ereignete sich 2003 rund um den Beginn des Irakkrieges, wobei die Frage, ob der Irak von Niger sog. ‚yellowcake' gekauft hatte, um Massenvernichtungswaffen herzustellen. Sie führte zu einem Verfahren gegen Libby, der letztlich für das Verhalten von Cheney und Armitage geopfert wurde. Vgl. dazu sehr gut dokumentiert und mit ausführlichen Quellenangaben: http://en.wikipedia.org/wiki/Plame_affair (Abfrage 12.11.2007).

96 Vgl. dazu sehr kritisch: Ricks, Thomas E.: Fiasco. The American Military Adventure in Iraq, London 2006. Ricks ist der langjährige Military Correspondent der *Washington Post.* Er beleuchtet in seinem Buch die Rolle der Schlüsselpersonen wie Cheney, Rice, Feith und Rumsfeld und ihr Unverständnis und ihre Oberflächlichkeit in der Situationsbeurteilung. Alles wurde dem vordergründigen neokonservativen Weltbild, welches sich als hohles, übervereinfachendes Konstrukt bar jeder Realisierung erwies, untergeordnet.

97 President George W. Bush im Einleitungsstatement des Report of the National Energy Policy Development Group, Washington May 2001, S. 1.

98 Vgl. dazu beispielsweise einen Brief, den Donald Rumsfeld und Richard Perle im Jänner 1998 an Präsident Clinton sandten. In diesem Brief forderten sie von Clinton, die U.S.-Außenpolitik auf ein „removing Saddam" zu fokussieren.

99 http://www.geoeconomie.org/english/aproposieg.htm (Abfrage 18.6.2004).

100 Vgl. Luttwak, Edward: Turbo-Capitalism. Winners and Losers in the Global Economy , New York et al 1999.

101 Jhaveri, Nagyna J.: Petroimperialism: US Oil Interests and the Iraq War, Antipode, Vol 36, Nov. 2004, S. 2-11, besonders S. 3.

102 Richard M. Nixon, "Address to the Nation About National Energy Policy," November 25, 1973, www.nixonfoundation.org/clientuploads/directory/archive/1973_pdf_files/1973_0339.pdf (Abfrage 23.6.2006).

103 http://www.jimmycarterlibrary.org/documents/speeches/su80jec.phtml (Abfrage 18.7.2005):

„ ... This situation demands careful thought, steady nerves, and resolute action, not only for this year but for many years to come. It demands collective efforts to meet this new threat to security in the Persian Gulf and in Southwest Asia. It demands the participation of all those who rely on oil from the Middle East and who are concerned with global peace and stability. And it demands consultation and close cooperation with countries in the area which might be threatened.

Meeting this challenge will take national will, diplomatic and political wisdom, economic sacrifice, and, of course, military capability. We must call on the best that is in us to preserve the security of this crucial region.

Let our position be absolutely clear: An attempt by any outside force to gain control of the Persian Gulf region will be regarded as an assault on the vital interests of the United States of America, and such an assault will be repelled by any means necessary, including military force.

During the past 3 years, you have joined with me to improve our own security and the prospects for peace, not only in the vital oil-producing area of the Persian Gulf region but around the world. We've increased annually our real commitment for defense, and we will sustain this increase of effort throughout the Five Year Defense Program. It's imperative that Congress approve this strong defense budget for 1981, encompassing a 5-percent real growth in authorizations, without any reduction.

We are also improving our capability to deploy U.S. military forces rapidly to distant areas. We've helped to strengthen NATO and our other alliances, and recently we and other NATO members have decided to develop and to deploy modernized, intermediate-range nuclear forces to meet an unwarranted and increased threat from the nuclear weapons of the Soviet Union.

We are working with our allies to prevent conflict in the Middle East. The peace treaty between Egypt and Israel is a notable achievement which represents a strategic asset for America and which also enhances prospects for regional and world peace. We are now engaged in further negotiations to provide full autonomy for the people of the West Bank and Gaza, to resolve the Palestinian issue in all its aspects, and to preserve the peace and security of Israel. Let no one doubt our commitment to the security of Israel. In a few days we will observe an historic event when Israel makes another major withdrawal from the Sinai and when Ambassadors will be exchanged between Israel and Egypt."

104 Vgl. Kraemer, Thomas D.: Addicted to Oil: Strategic Implications of American Oil Policy, May 2006, http://www.StrategicStudiesInstitute.army.mil/ (Abfrage 23.6.2006).

105 *"Keeping America competitive requires affordable energy. And here we have a serious problem: America is addicted to oil, which is often imported from unstable parts of the world. The best way to break this addiction is through technology. Since 2001, we have spent nearly $10 billion to develop cleaner, cheaper, and more reliable alternative energy sources -- and we are on the threshold of incredible advances.*

So tonight, I announce the Advanced Energy Initiative -- a 22-percent increase in clean-energy research -- at the Department of Energy, to push for breakthroughs in two vital areas. To change how we power our homes and offices, we will invest more in zero-emission coal-fired plants, revolutionary solar and wind technologies, and clean, safe nuclear energy.

We must also change how we power our automobiles. We will increase our research in better batteries for hybrid and electric cars, and in pollution-free cars that run on hydrogen. We'll also fund additional research in cutting-edge methods of producing ethanol, not just from corn, but from wood chips and stalks, or switch grass. Our goal is to make this new kind of ethanol practical and competitive within six years.

Breakthroughs on this and other new technologies will help us reach another great goal: to replace more than 75 percent of our oil imports from the Middle East by 2025. By applying the talent and technology of America, this country can dramatically improve our environment, move beyond a petroleum-based economy, and make our dependence on Middle Eastern oil a thing of the past."

http://www.whitehouse.gov/stateoftheunion/2006/ (Abfrage 2.2.2006).

106 Vgl. zu allgemeinen strategischen Überlegungen zur Bedeutung der Wirtschaft: Chun, Clayton K. S.: Economics: American Element of Power or Source of Vulnerability?, in:

Bartholomees, Jr., J. Boone (ed.): U.S. Army War College: Guide to National Security Policy and Strategy, 2nd Edition, Washington, D.C., June 2006, S. 241-248. Borer, Douglas A.: Problems of Economic Statecraft: Rethinking Engagement, in: Bartholomees, Jr., J. Boone (ed.): U.S. Army War College: Guide to National Security Policy and Strategy, 2nd Edition, Washington, D.C., June 2006, S. 249-260.

107 State of the Union Address 2007, http://www.whitehouse.gov/news/releases/2006/01/200701231-2.html (Abfrage 25.1.2007).

108 Vgl. Luttwak, Edward: The Endangered American Dream, New York 1993. Luttwak, Edward: Turbo-Capitalism. Winners and Losers in the Global Economy, New York et al 1999.

109 Vgl. Caldwell Herris, Martha: The Globalization of Energy Markets, Johnson, Douglas M.: Religion and Culture: Human Dimensions of Globalization, in: Kugler, Richard L./Frost, Ellen L.: The Global Century, S. 271-282, abfragbar über www.edu/iss/books/Books_2001 (Abfrage 23.12.2004).

110 Vgl. dazu: Neuchterlein, Donald E.: America Recommitted: United States National Interests in a Reconstructed World, Lexington 1991, S. 17.

111 Beide Begriffe sind politische Konstrukte aus der Sicht der Vereinigten Staaten von Amerika und lehnen sich nicht an aktuelle europäische oder geographische Begrifflichkeiten an. Dies ist einer der Gründe, warum es immer wieder zu Missverständnissen kommt.

112 Hemmer, Christohper: Responding to a Nuclear Iran, Parameters, Autumn 2007, S. 42.

113 Beide Bezeichnungen werden synonym verwendet.

114 Vgl. zu den Begrifflichkeiten beispielhaft: Pawelka, Peter / Richter-Bernburg, Lutz: Religion, Kultur und Politik im Vorderen Orient, Die Islamische Welt im Zeichen der Globalisierung Wiesbaden 2004. Perthes, Volker: Geheime Gärten - Die neue arabische Welt. Goldmann 2003. Perthes, Volker: Vom Krieg zur Konkurrenz - Regionale Politik und die Suche nach einer neuen arabisch-nahöstlichen Ordnung. Baden-Baden 2000. Aktuell: Nissel, Heinz: Vom Kulturerdteil Orient zur Islamischen Welt. Eine geographische Spurensuche, in: Hakami, Khaled und Steffelbauer, Ilja (Hrsg.): Vom alten Orient zum Nahen Osten. Einführung in eine Weltregion. Ohne weitere Angaben.

115 Vgl. dazu: Westermann Lexikon der Geographie, Band 3, 1983, S. 454 und S. 675. Weiters Brockhaus, Band 16, 1996, S. 303.

116 Vgl. dazu Nissel, Heinz: Vom Kulturerdteil Orient zur Islamischen Welt. Eine geographische Spurensuche, in: Hakami, Khaled und Steffelbauer, Ilja (Hrsg.): Vom alten Orient zum Nahen Osten. Einführung in eine Weltregion. Ohne weitere Angaben.

117 Ausgehend von den bis heute einflussreichen Thesen Edward Saids wurde konstatiert, das westliche Bild des Orients sei voller unbewusster Vorurteile und Verzerrungen, die der Realität nicht gerecht würden. Das Konzept von Abendland und Morgenland sei weniger alt als behauptet, vielmehr sei es erst im 18. Jahrhundert entstanden.

118 Vgl. dazu: Westermann Lexikon der Geographie, Band 3, 1983, S. 454.

119 Von Alfred T. Mahan 1902 in die Debatte eingeführt und den Bogen vom Persischen Golf inklusive seiner arabischen Anrainer umfassend.

120 Vgl. dazu: Westermann Lexikon der Geographie, Band 3, 1983, S. 454.

121 Eine etwas abweichende Definition zum Begriff „Middle East" bietet http://menic.utexas.edu/menic/Countries_and_Regions/ (Abfrage 28.7.2006): Afghanistan, Algeria, Bahrain, Comoros, Djibouti, Egypt, Iran, Iraq, Israel, Jordan, Kuwait, Lebanon, Libya, Mauritania, Morocco, Oman, Palestinian Authority, Qatar, Saudi Arabia, Sudan, Syria, Tunisia, Turkey, United Arab Emirates, Western Sahara, Yemen.

122 Hierbei wird keine detaillierte geographische Analyse angestrebt, sondern eine Kurzskizze geographischer Facetten.

123 http://www.freeworldacademy.com/globalleader/great.htm (Abfrage 6.7.2005).

124 Vgl. Ehlers, Eckart/Falaturi, Abdoldjavad/Schweizer, Günther/Stöber, Georg/ Winkell, Gerd: Der Islamische Orient. Grundlagen zur Länderkunde eines Kulturraumes, Band 1, Köln 1990, S. 126-130.

125 Vgl. dazu: Riemer, Andrea K.: The International Order at the Beginning of the 21st Century: Theoretical Considerations, PhD-Thesis, Wien, Budapest 2006, S. 60-61.

126 Bassam Tibi hat sich besonders mit diesem Argument in seinen zahlreichen Arbeiten auseinandergesetzt und Lösungsvorschläge erarbeitet. Vgl. dazu auch: Riemer, Andrea K.: Islam as multidimensional potential for crisis? An Analysis from a western Perspective. In: Mustafa Aydin (ed.), The Turkish Yearbook of International Relations 1998, Ankara 2000, S. 29-51. Dies trifft besonders die drei Hauptunterschiede Subjektivität-Objektivität; Nationalstaat-Umma; Universalität-Universalismus.

127 Eine aktuelle Einschätzung findet sich bei: Larrabee, F. Stephen: The Middle East. The Changing Strategic Environment. Prepared for the Center for Middle East Public Policy and the Geneva Centre for Security Policy, June 2006.

128 Vgl. beispielhaft folgende Literaturauswahl: Tibi, Bassam: Der Islam und das Problem der kulturellen Bewältigung sozialen Wandels, 3. Aufl., Frankfurt am Main 1991, S. 20-29. Clavert, John: The Mythic foundations of Radical Islam, Orbis, Vol. 48, No. 1, Winter 2004, S. 29-42. Johnston, Douglas M.: Religion and Culture: Human Dimensions of Globalization, in: Kugler, Richard L./Frost, Ellen L.: The Global Century, S. 665-681, abfragbar über www.edu/iss/books/Books_2001 (Abfrage 23.12.2004). Erck, Cristina: 'Ursprung und Entwicklung des Islam', in: Aus Politik und Zeitgeschichte, 19.7.1991, S. 30-38. Hadar, Leon T.: What Green Peril, in: Foreign Affairs Special Edition 1992/93, S. 27-42. Karawan, Ibrahim A.: The Islamist Impasse, Adelphi Paper 314, London 1997. Tibi, Bassam: Die fundamentalistische Herausforderung. Der Islam und die Weltpolitik, München 1992.

129 Vgl. beispielhaft: Tibi, Bassam: Die Krise des modernen Islams, 2. Aufl., Frankfurt/M. 1991. Tibi, Bassam: Islamischer Fundamentalismus, moderne Wissenschaft und Technologie, 2nd ed., Frankfurt/M. 1993. Tibi, Bassam: Vom Gottesstaat zum Nationalstaat. Islam und panarabischer Nationalismus, 2. Aufl., Frankfurt/M. 1991. Tibi, Bassam: Zwischen Allahs Herrschaft und Weltordnung, MUT 312/93, S. 38-39. Tibi, Bassam: Conflict and War in the Middle East, 2nd ed., London 1998. Tibi, Bassam: Islam Between Culture and Politics, New York, London 2001. Esposito, John L./Voll, John O.: Islam and Democracy, Oxford, New York 1996. Esposito, John L.: Islam. The Straight Path, 3rd ed., Oxford, New York 1998. Esposito, John: The Islamic Threat, New

York, Oxford 1999. Steinbach, Udo/Ende Werner (Hrsg.): Der Islam in der Gegenwart, 2. Aufl., München 1989. Tibi, Bassam: Der Islam und das Problem der kulturellen Bewältigung sozialen Wandels, 3. Aufl., Frankfurt/M. 1991. Tibi, Bassam: Die fundamentalistische Herausforderung: Der Islam und die Weltpolitik, München 1992. Tibi, Bassam: Die Krise des modernen Islams. Eine vorindustrielle Kultur im wissenschaftlich-technischen Zeitalter, München 1981. Tibi, Bassam: Islamischer Fundamentalismus, moderne Wissenschaft und Technologie, Frankfurt/M. 1992. Tibi, Bassam: Vom Gottesreich zum Nationalstaat: Islam und panarabischer Nationalismus, 2. Aufl., Frankfurt/M. 1991. Tibi, Bassam: Zwischen Allahs Herrschaft und Weltordnung, MUT 312/93, S. 38-39.

130 Vgl. beispielhaft: Werle Rainer: Renaissance des Islam - das Beispiel Türkei, Hamburg, 1987. Riemer, Andrea K.: Islam as multidimensional potential for crisis? An Analysis from a western Perspective. In: Mustafa Aydin (ed.), The Turkish Yearbook of International Relations 1998, Ankara 2000, S. 29-51. Rabasa, Angel M.: Political Islam in Southeast Asia: Moderates, Radicals and Terrorists, Adelphi Paper 358, London 2003. Zur sozialen und gesellschaftlichen Rückständigkeit als eine der Hauptquellen für die Spannungen zwischen Islam und Westen vgl.: Lewis, Bernard: What Went Wrong? Western Impact and Middle Eastern Response, London 2003. Hottinger, Arnold: Islamischer Fundamentalismus, Paderborn, Wien 1993. Kaplan, Laurence: Fundamentalism in comparative perspective, Amherst 1992. Kedourie, Elie: Islamic Fundamentalism Today, NATO's Sixteen Nations, June 1988, S. 18-20. Kepel, Gilles: Der lange Marsch der Islamisten, in: Europa-Archiv, Folge 3/1992, S. 71-75. Kienzler, Klaus (Hrsg.): Der neue Fundamentalismus: Rettung oder Gefahr für Gesellschaft und Religion?, Düsseldorf 1990. Kodmani-Darwish, Bassma: International Security and the Forces of Nationalism and Fundamentalism: Paper II, Adelphi Paper 266/92, S. 43-52. Lücke, Hanna: „Islamischer Fundamentalismus" - Rückfall ins Mittelalter oder Wegbereiter der Moderne?: Die Stellungnahme der Forschung, Berlin 1993. Meyer, Thomas (Hrsg.): Fundamentalismus in der modernen Welt: Die Internationale Unvernunft, Frankfurt/M. 1989. Rovan, Joseph: Der fundamentalistische Islamismus bedroht Europa, in. Internationale Politik, 2/1995, S. 47-52. Senghaas, Dieter: Schluss mit der Fundamentalismus-Debatte, Blätter für deutsche und internationale Politik 2/1995, S. 180-191.

131 Vgl. Jhaveri, Nagyna J.: Petroimperialism: US Oil Interests and the Iraq War, Antipode, Vol 36, Nov. 2004, S. 2-11, besonders S. 7.

132 Kraemer, Thomas D.: Addicted to Oil: Strategic Implications of American Oil Policy, http://www.StrategicStudiesInstitute.army.mil/ (Abfrage 23.6.2006), p. 3.

133 Die Literatur zum Iran ist mittlerweile vielfältig. Vor allem ein möglicher Angriff auf den Iran wurde ab Ende 2004 immer wieder debattiert.

Vgl. daher beispielhaft (alle Quellen haben einen umfangreichen Literaturapparat: Pollack, Kenneth: The Threatening Storm: The Case for Invading Iraq, New York 2002. Pollack, Kenneth: The Persian Puzzle: The Conflict Between Iran and America, New York 2005. Hemmer, Christopher: Responding to a Nuclear Iran, Parameters, Autumn 2007, S. 42-53. Bahgat, Gawdat: Iran and the United States: The Emerging Security Paradigm in the Middle East, Parameters, Summer 2007, S. 5-18. Hersh, Seymour: Shifting Targets, The New Yorker, October 8, 2007. Dueck, Colin/Takeyh: Iran's Nuclear Challenge, Political Science Quarterly, Vol 122, No. 2, 2007, S. 189-205. The Foreign Policy Center et al.: Time to talk, The Case for Diplomatic Solutions to Iran, http://fpc.org.uk/fsblob/831.pdf (Abfrage 5.2.2007). Rogers, Paul: Iran Consequences of a War. Oxford Research Group, Briefing Paper, Feb. 2006. The Brookings Institution. Saban Center for Middle East Policy: Toward a New Iran Policy, 23 November 2004. Fallows, James: Will Iran be Next? The Atlantic Monthly, Dec. 2004, S. 99-110. Thränert, Oliver: Der Iran und die Verbreitung von ABC-Waffen, Studie SWP, August 2003. Reissner, Johannes: Iran nach dem Irak-Krieg, Studie SWP, Juni 2003. Rudolf, Peter: Präventivkrieg als Ausweg?, Studie SWP, Juni 2002.

134 Vgl. Ohne Autor: 20/20 Vision? The Middle East to 2020, www.meforum.org/article/586 (Abfrage 18.7.2005). Der Beitrag ist einem Diskussionsforum des National Intelligence Council entnommen (NIC 2020).

Weiters: Middle East Policy Council Thirty-fourth in the Capitol Hill Conference Series on U.S. Middle East Policy, Imperial Dreams: Can the Middle East Be Transformed? Washington, Oct. 3, 2003. Middle East Policy Council: Thirty-first in the Capitol Hill Conference Series on U.S. Middle East Policy: In the Wake of War: Geo-strategy, Terrorism, Oil Markets, and Domestic Politics, Washington, D.C., January 10, 2003.

135 Über die Gründe soll an dieser Stelle nicht weiter ausgeführt werden. Vgl. dazu in bemerkenswerter Offenheit und Detailliertheit beispielhaft: Trainor, Bernard/Gordon, Michael: Cobra II: The Inside Story of the Invasion and Occupation of Iraq, Pantheon 2006.

136 http://www.worldenergy.org/documents/ser2007_final_online_version_1.pdf?bcsi_scan_914C7AC6EF34212A=0&bcsi_scan_filename=ser2007_final_online_version_1.pdf, S. 5.

137 Die folgenden Aufstellungen wurden aus Graphiken erarbeitet, welche entnommen sind: Verrastro, Frank A.: Securing U.S. Energy in a Changing World, Middle East Policy Council, Thirty-seventh in the Capitol Hill Conference Series on U.S. Middle East Policy, Washington, D.C., September 17, 2004. Verrastro, Frank/Ladislaw, Sarah: Facing the Hard Truths About Energy: The Economic, Political, & Environmental Challenges of Moving Forward, National Petroleum Council Report July 2007, Washington, D.C. ppt-Präsentation, Oct. 9, 2007. verfügbar unter http://www.npc.org./ und http://www.energyconversation.org/cms/files/CNAAbove%20groundnpc%20version.ppt (beide Abfragen 24.10.2007).

138 http://www.worldenergy.org/documents/ser2007_final_online_version_1.pdf?bcsi_scan_914C7AC6EF34212A=0&bcsi_scan_filename=ser2007_final_online_version_1.pdf (Abfrage 1.10.2007), S. VI.

139 Verrasto stimmt in seinen Aussagen mit den Ergebnissen des 20. WEC (*World Energy Council*)-Kongresses in Rom 2007 überein. Siehe http://www.worldenergy.org/documents/ser2007_final_online_version_1.pdf?bcsi_scan_914C7AC6EF34212A=0&bcsi_scan_filename=ser2007_final_online_version_1.pdf (Abfrage 1.10.2007).

140 Verrastro, Frank/Ladislaw, Sarah: Facing the Hard Truths About Energy: The Economic, Political, & Environmental Challenges of Moving Forward, National Petroleum Council Report July 2007, Washington, D.C. ppt-Präsentation, Oct. 9, 2007. verfügbar unter http://www.energyconversation.org/cms/files/CNAAbove%20groundnpc%20version.ppt (Abfrage 24.10.2007).

141 Vgl. die Ergebnisse des 20. WEC (*World Energy Council*)-Kongresses in Rom 2007.

142 Vgl. http://www.worldenergy.org/wec-geis/publications/reports/ser/oil/oil.asp (Abfrage 8.7.2005). Daran hat sich auch 2007 nichts verändert.

143 Mobilität ist der Bereich, in dem der Energieträger Öl seine Verbraucher „bindet".

144 Modifiziert und verallgemeinert nach Verrastro, Frank/Ladislaw, Sarah: Facing the Hard Truths About Energy: The Economic, Political, & Environmental Challenges of Moving Forward, National Petroleum Council Report July 2007, Washington, D.C. ppt-Präsentation, Oct. 9, 2007. verfügbar unter http://www.energyconversation.org/cms/files/CNAAbove%20groundnpc%20version.ppt (Abfrage 24.10.2007).

145 Zur Definitionsfrage, was der Begriff "Öl" umfasst, findet man folgende Erklärung: *"There are several different categories of oil, each having different costs, characteristics and, above all, depletion profiles. Some are easy, cheap and fast to produce, whereas others are the precise opposite. The terms 'Conventional' and 'Non-Conventional' (or 'Unconventional') are in wide usage, but lack a standard definition, adding greatly to the confusion. Here, 'Conventional Oil' will be identified and defined to exclude the following categories: oil from coal, shale, bitumen and Extra-Heavy Oil. Besides this, 'Reserves' are differentiated from 'Resources'. 'Reserves' are the amount currently 'Resources' are detected quantities that cannot be profitably recovered with current technology, but might be recoverable in the future, as well as those quantities that are geologically possible but yet to be found."* http://www.worldenergy.org/documents/ser2007_final_online_version_1.pdf?bcsi_scan_914C7AC6EF34212A=0&bcsi_scan_filename=ser2007_final_online_version_1.pdf, S. 41.
Crude oil is a naturally occurring mixture consisting predominantly of hydrocarbons that exists in liquid phase in natural underground reservoirs and is recoverable as liquids at typical atmospheric conditions of pressure and temperature. Crude oil has a viscosity no greater than 10 000 mPa.s (centipoises) at original reservoir conditions; oils of greater viscosity are included in Chapter 4 - Natural Bitumen and Extra-Heavy Oil. http://www.worldenergy.org/wec-geis/publications/reports/ser/gas/gas.asp (Abfrage 8.7.2005).

146 Die Verteilung wurde aufgrund einer Graphik erstellt, welche entnommen ist: Report of the National Energy Policy Development Group, Washington May 2001, S. 8-4.

147 Vgl. dazu in sehr detaillierter Weise: Pollack, Kenneth M.: The Persian Puzzle. The conflict between Iran and America, New York 2004.

148 Vgl. vor allem zum Irak: Chalabi, Fadhil J.: Iraq and the Future of Oil Markets, Middle East Policy Council, Journal Vol. XI, Fall 2004, No. 3. www.mepc.org/public_asp/journal_vol11/0409_chalabi.asp (Abfrage 6.7.2005).

149 http://www.worldenergy.org/documents/ser2007_final_online_version_1.pdf?bcsi_scan_914C7AC6EF34212A=0&bcsi_scan_filename=ser2007_final_online_version_1.pdf, S. 52-53.

150 **Natural gas** is a mixture of hydrocarbon and small quantities of non-hydrocarbons that exists either in the gaseous phase or is in solution in crude oil in natural underground reservoirs, and which is gaseous at atmospheric conditions of pressure and temperature. **Natural gas liquids** (hydrocarbons that exist in the reservoir as constituents of natural gas but which are recovered as liquids in separators, field facilities or gas-processing

plants). http://www.worldenergy.org/wec-geis/publications/reports/ser/gas/gas.asp (Abfrage 8.7.2005).

151 http://www.worldenergy.org/documents/ser2007_final_online_version_1.pdf?bcsi_scan_914C7AC6EF34212A=0&bcsi_scan_filename=ser2007_final_online_version_1.pdf, S. 145.

152 Vgl. http://www.worldenergy.org/wec-geis/publications/reports/ser/gas/gas.asp (Abfrage 8.7.2005).

153 Vgl. auch die aktuellen Aufstellungen in http://www.worldenergy.org/documents/ser2007_final_online_version_1.pdf?bcsi_scan_914C7AC6EF34212A=0&bcsi_scan_filename=ser2007_final_online_version_1.pdf, S. 55-56.

154 Vgl. U.S. Committed to Energy Security for All, Abraham Says, http://216.71.84.120/e/p/tp-20040506-13.html (Abfrage 12.7.2005).

155 Vgl. National Energy Policy, Report of the National Energy Policy Development Group, Washington, May 2001.

156 http://www.eia.doe.gov/oiaf/forecasting.html (Abfrage 23.6.2007 und 13.11.2007).

157 http://www.eia.doe.gov/emeu/cabs/usa.html (Abfrage 8.7.2005).

158 Graphik: http://www.eia.doe.gov/emeu/cabs/usa.html ,Abfrage 8.7.2005.

Graphik entnommen: Report of the National Energy Policy Development Group, Washington May 2001, S. 7-10.

159 http://www.eia.doe.gov/emeu/cabs/usa.html (Abfrage 8.7.2005).

"The Strategic Petroleum Reserve (SPR), the federal government's major tool for responding to oil supply disruptions, has not kept pace with the growth in imports. The number of days of net oil import protection provided by the Reserve declined from 83 days of imports in 1992 to 54 days of imports today. Net domestic oil imports have increased significantly since 1992, while the SPR's oil inventory actually decreased." Report of the National Energy Policy Development Group, Washington May 2001, S. 1-13.

160 Vgl. dazu den aktuellen World Energy Outlook, welcher im November 2007 herausgegeben wurde und erstmals explizit Indien und China in separaten Modellierungen berücksichtigt. http://www.worldenergyoutlook.org/2007.asp (Abfrage 13.11.2007).

161 Verteilung basiert auf einer Graphik entnommen: Report of the National Energy Policy Development Group, Washington May 2001, S. 5-14.

162 Die Daten sind entnommen: http://www.eia.doe.gov/emeu/cabs/usa.html (Abfrage 8.7.2005) - die Begriffe wurden in Englisch belassen, da sich um international eingeführte Fachtermini handelt. Graphik entnommen: Report of the National Energy Policy Development Group, Washington May 2001, S. 5-6.

163 Sharp, Jeremy: The Broader Middle East and North Africa Initiative: An Overview, CRS Report for Congress, Feb. 15, 2005 (RS 22053), CRS. 1. Weiter:

Alternative Strategien finden sich bei: Yaffe, Michael D.: The Gulf and New Middle East Security System, Middle East Policy Council, Journal Vol. XI, Fall 2004, No. 3.

www.mepc.org/public_asp/journal_vol11/0409_yaffe.asp (Abfrage 6.7.2005). Perthes, Volker: America's „Greater Middle East" and Europe: Key Issues for Dialogue, Middle East Policy Council, Journal Vol. XI, Fall 2004, No. 3. www.mepc.org/public_asp/journal_vol11/0409_perthes.asp (Abfrage 6.7.2005). Kraig, Michael: Assessing Alternative Security Frameworks for the Persian Gulf, Middle East Policy Council, Journal Vol. XI, Fall 2004, No. 3. www.mepc.org/public_asp/journal_vol11/0409_kraig.asp (Abfrage 6.7.2005).

164 Vgl. Haas, Richard N.: The U.S.-Middle Easter Partnership Initiative: Building Hope for the Years Ahead, Washington DC, Dec. 12, 2002), www.state.gov/s/p/rem/1568pf.htm (Abfrage 5.4.2004).

165 http://mepi.state.gov/mepi/ (Abfrage 22.10.2006).

166 Sharp, Jeremy: The Middle East Partnership Initiative: An Overview, CRS Report for Congress, RS 21457. Updated July 23, 2003, Washington DC, 2003. Eine weitere Hintergrundarbeit findet man bei Bronson, Rachel: Reconstructing the Middle East?, Journal of World Affairs, Summer/Fall 2003, Vol. X, Issue 1, S. 271-280. IISS: The Greater Middle East Initiative, Strategic Comments, Vol. 10, Issue 2, 2004.

167 Remarks by President George W. Bush at the twentieth anniversary of the National Endowment for Democracy, Washington, D. C., 6 November 2003.

168 Vgl. z. B. das vorzeitige Bekanntwerden eines Entwurfs am 13.2.2004 in der englischsprachigen Zeitung Al Hayat.

169 United Nations Development Programme and Arab Human Fund for Economic and Social Development: Arab Human Development Report 2002: Creating Opportunities for Future Generations, New York 2002. Vgl. Baroudi, Sami E.: The 2002 Arab Human Development Report: Implications for Democracy, The Middle East Policy Council, www.mepc.org/public_asp/journal_vol11/0403_baroudi.asp (Abfrage 6.7.2005).

170 Etwa ein Viertel der Bevölkerung ist weder arabisch noch muslimisch, so die Berber in Marokko und Algerien, die Christen im Sudan oder Kurden im Irak.

171 http://mepi.state.gov/c10120.htm (Abfrage 22.10.2006).

172 Vgl. dazu

2004: Rabat Forum, http://bmena.state.gov/c16130.htm (Abfrage 12.12.2006).

2005: Manama Forum, http://bmena.state.gov/c20020.htm (Abfrage 12.12.2006).

2006: Dead Sea Forum: http://bmena.state.gov/c20022.htm (Abfrage 12.12.2006).

173 Ich danke HR Univ. Doz. Dr. Heinz Magenheimer für seine Anregungen und Ideen zu diesem Teil.

174 Vgl. z. B. Record, Jeffrey: The Bush Doctrine and War with Iraq, Parameters, Spring 2003, S. 4-21. Dowd, Alan W.: Thirteen Years: The Causes and Consequences of the War in Iraq, Parameters, Autumn 2003, S. 46-60. Borer, Douglas A.: Inverse Engagement: Lessons from US-Iraq Relations, 1982-1990, Parameters, Summer 2003, S. 51-65.

175 Zur Beeinflussung der amerikanischen Außenpolitik durch Israel und die sogenannte Jüdische Lobby: vgl. den viel diskutierten Beitrag von Mearsheimer und Walt im Frühjahr 2006:

Mearsheimer, John J./Walt, Steven M.: The Israel Lobby and U.S. Foreign Policy, Working Paper KSG, RWP 06-011, March 2006. http://ksgnotes1.harvard.edu/Research/wpaper.nsf/rwp/RWP06-011/$File/rwp_06_011_walt.pdf (Abfrage 2.4.2006).

Siehe auch die Replique der beiden Autoren, die für ihren Beitrag massive Kritik aus der akademischen und politischen Community einstecken mussten: Mearsheimer, John J./Walt, Steven M.: The Israel Lobby and U.S. Foreign Policy, Middle East Policy, Vol. XIII, No. 3, Fall 2006, S. 29-87. Mearsheimer, John J./Walt, Steven M.: The Israel Lobby, http://www.lrb.co.uk/v28/n06/mear01_.html (Abfrage 25.3.2006). Mearsheimer, John J./Walt, Steven M.: Die Israel Lobby, New York 2007. Brzezinski, Zbigniew: A Dangerous Exemption, Foreign Policy, Jul/Aug 2006, http://www.foreignpolicy.com/users/login.php?story_id=3510&URL=http://www.foreignpolicy.com/story/cms.php?story_id=3510.

Die Gründung Israels (1948) spielte von Anbeginn eine wesentliche Rolle in den amerikanischen Überlegungen zur Region. Jüdisches Lobbying und die „weiche" Situation um das Verhältnis zwischen Israel und den Palästinensern prägten die amerikanische Politik.*Mearsheimer* und *Walt* stellen in einem Forschungspapier an der Kennedy School of Government folgendes fest: *„Instead, the overall thrust of U.S. policy in the region is due almost entirely to U.S. domestic politics, and especially to the activities of the "Israel Lobby." Other special interest groups have managed to skew U.S. foreign policy in directions they favored, but no lobby has managed to divert U.S. foreign policy as far from what the American national interest would otherwise suggest, while simultaneously convincing Americans that U.S. and Israeli interests are essentially identical.* (Mearsheimer, John J./Walt, Steven M.: The Israel Lobby and U.S. Foreign Policy, Working Paper KSG, RWP 06-011, March 2006. http://ksgnotes1. harvard.edu/Research/wpaper.nsf/rwp/RWP06-011/$File/rwp_06_011_walt.pdf (Abfrage 2.4.2006), S. 1.)) "

Das American Israel Public Affairs Committee's (AIPAC) hält fest, dass die USA und Israel eine einzigartige Partnerschaft haben, um den wachsenden strategischen Bedrohungen im Nahen Osten zu begegnen. Die Besonderheit dieser Partnerschaft wird sowohl in den USA als auch in Israel immer wieder genannt. Sie dient als Argument für die umfangreichen Sonderbehandlungen Israels durch die USA.

Diese Feststellung mag im ersten Moment verstörend klingen, trifft jedoch den Kern sehr gut. Manches Mal meint man, dass die amerikanische Nahostpolitik mit der Israelpolitik gleichzusetzen war und noch immer ist. Dies ist eine Verallgemeinerung, denn die Nuancierung und die Schwerpunkte des U.S.-Engagements variierten im Zeitablauf. Die Befriedung der Region, die Stabilisierung Israels und die Sicherung der Ressourcen vor allem am Persischen Golf markieren jedoch die klaren politisch-strategischen Eckpunkte und führten die USA in ein bislang noch nicht gelöstes Dilemma. (Vgl. Gespräch mit Gary Sick, Columbia University, Director Middle East Institute, School of International and Public Affairs, New York, 17. März 2005.)

Dieses Dilemma hat eine strategische Dimension und zieht sich durch alle Präsidentschaften und wurde während des Kalten Krieges oft ignoriert bzw. zu wenig beachtet. Begründbar ist dies mit der breitflächigen Unterordnung aller außen- und sicherheitspolitischen Aktivitäten der USA unter *Containment*.

So balancierte man jahrelang zwischen den beiden Fragen: Was dient dem *Containment*: Der Schutz Israels oder der Zugang zu die Ölquellen?

176 Vgl. Defense Department Update for Foreign Media
Donald Rumsfeld, Secretary of Defense; General Richard Myers, Chairman of the Joint Chiefs of Staff Foreign Press Center Briefing Washington, DC, January 22, 2003; http://fpc.state.gov/fpc/16799.htm (Abfrage 13.11.2007): "*Now, you're thinking of Europe as Germany and France. I don't. I think that's old Europe. If you look at the entire NATO Europe today, the center of gravity is shifting to the east. And there are a lot of new members. And if you just take the list of all the members of NATO and all of those who have been invited in recently -- what is it? Twenty-six, something like that? -- you're right. Germany has been a problem, and France has been a problem.*"

177 Eine der vielen erhellenden Publikationen zu diesem Thema bieten: Trainor, Bernard/Gordon, Michael: Cobra II: The Inside Story of the Invasion and Occupation of I-raq, Pantheon 2006.

178 Vgl. dazu: Riemer, Andrea K.: Missile Defense revisited: Has Europe already lost strategic Track? AARMS, Vol. 6, No. 4, 200707 (forthcoming).

179 Kugler, Richard/Binnendijk, Hans: Status Quo Power or Revolutionary Power: Can a proper Balance be struck in U.S. Foreign Policy? CTNSP/NDU, March 2007, p. 1 of the print.

180 Ikenberry, G. John and Slaughter, Anne-Marie: Forging A World Of Liberty Under Law U.S. National Security In The 21st Century. Final Report of the Princeton Project on National Security, Princeton 2007, http://www.wws.princeton.edu/ppns/report/ FinalReport.pdf?bcsi_scan_914C7AC6EF34212A=0&bcsi_scan_filename =FinalReport.pdf (Abfrage 1.10.2006), p. 12.

181 Vgl. Ikenberry, G. John and Slaughter, Anne-Marie: Forging A World Of Liberty Under Law U.S. National Security In The 21st Century. Final Report of the Princeton Project on National Security, Princeton 2007, http://www.wws.princeton.edu/ppns/report/ FinalReport.pdf?bcsi_scan_914C7AC6EF34212A=0&bcsi_scan_filename= FinalReport.pdf (Abfrage 1.10.2006), S. 17-18.

182 Vgl. Edwards, John: Reeengaging with the World, Foreign Affairs, September/October 2007, http://www.foreignaffairs.org/20070901faessay86502/john-edwards/reengaging-with-the-world.html?bcsi_scan_914C7AC6EF34212A=3/3ozIePk3QVrBqaPgO MyxgAAACqxRAM&bcsi_scan_filename=reengaging-with-the-world.html (Abfrage 1.10.2007). Ähnlich äußerte sich der amerikanische UN-Botschafter Zalmay Khalizad bei Gesprächen im Rahmen des Europäischen Forums in Alpbach 2007.

183 Vgl. Kugler, Richard and Binnendijk, Hans: Status Quo Power or Revolutionary Power: Can a proper Balance be struck in U.S. Foreign Policy? CTNSP/NDU, March 2007, S. 13-14 des Ausdrucks

184 Vgl. dazu: Riemer, Andrea K.: National Security Strategy of the United States of America 2006, Info-Aktuell 2/2006, Landesverteidigungsakademie Wien. Riemer, Andrea K.: Transatlantic Relations: Visions and Roads Ahead, Vortrag im Rahmen des gemeinsamen Symposiums der Verteidigungsuniversität Brünn und des Instituts für Strategie- und Sicherheitspolitik/Landesverteidigungsakademie Wien, Brünn 22. April 2005. Riemer, Andrea K./Hauser, Gunther: Gesamtstrategien im Vergleich: Die Nationale Sicherheitsstrategie der USA und die Europäische Sicherheitsstrategie, INFO-AKTUELL, Landesverteidigungsakademie, Wien 2004. Andrea K. Riemer/Gunther Hauser: Die Nationale Sicherheitsstrategie der USA und die Europäische Sicherheits-

strategie: Ein Vergleich des Unvergleichbaren, Arbeitspapiere zur Internationalen Politik und Außenpolitik, AIPA 2/2004, Institut für Politikwissenschaften der Universität Köln, Köln 2004 (http://www.politik.uni-koeln.de/jaeger/downloads/aipa0204.pdf).

185 Die *Advanced Energy Initiative* wurde vom National Economic Council im Februar 2006 erarbeitet; verfügbar unter http://www.whitehouse.gov/stateoftheunion/2006/energy/ (Abfrage 1.3.2006).

International Security Studies

Edited by Andrea Riemer

Vol. 1 Andrea K. Riemer / Fred W. Korkisch: Das Spannungsdreieck USA – Europa – Türkei. A Triangle of Terisions: U. S. – Europe – Turkey. 2003.

Vol. 2 Andrea K. Riemer: Theorien Internationaler Beziehungen und neue methodische Ansätze. 2006.

Vol. 3 Andrea K. Riemer: Geopolitik und Strategie am Beginn des 21. Jahrhunderts. Theoretische Überlegungen. 2006.

Vol. 4 Andrea K. Riemer: The International Order at the Beginning of the 21st Century. Theoretical Considerations. 2007.

Vol. 5 Andrea K. Riemer: Strategisches Schnittstellenmanagement zwischen Beharrung und Anpassung. Die amerikanische Außen- und Sicherheitspolitik nach dem II. Weltkrieg am Regionalbogen „Balkan – Mittlerer und Naher Osten“. 2007.

Vol. 6 Andrea K. Riemer: Strategie Wofür? Texte zu strategischen Überlegungen im 21. Jahrhundert. 2007.

Band 7 Andrea K. Riemer: Petroimperialismus und Freiheit? Die Irak-Intervention aus geoökonomischer Sicht der USA im Kontext der amerikanischen Außenpolitik. 2008.

www.peterlang.de

Andrea K. Riemer

Strategie Wofür?

Texte zu strategischen Überlegungen im 21. Jahrhundert

Frankfurt am Main, Berlin, Bern, Bruxelles, New York, Oxford, Wien, 2007.
207 S., zahlr. Tab. und Graf.
International Security Studies. Herausgegeben von Andrea Riemer. Bd. 6
ISBN 978-3-631-56898-9 · br. € 39.–*

Besonders nach den Ereignissen vom 11. September 2001 und dem folgenden *Global War on Terrorism* erlebten Fragen zur Geopolitik, zur Geostrategie, geoökonomische und geokulturelle Überlegungen gleichermaßen einen Höhenflug wie strategische Überlegungen. Rasch wurde in den vergangenen Jahren offensichtlich, dass es sowohl begrifflich als auch konzeptuell eine Fülle an Defiziten gab, welche sich nicht ausschließlich auf Europa beschränkten. Es ergaben sich eine bislang kaum da gewesene Schlagworthaftigkeit und breitflächig-unbedarfte Verwendungen von strategischen und geopolitischen Grundbegriffen. Dies führte zu einer lebhaften, jedoch mangels Handwerkszeug substanzlosen internationalen Debatte – mit so manchem bekannten Missverständnis. Geofaktoren waren Insidern bekannt, eine systematische Betrachtung im aktuellen Kontext fehlte hingegen. Ziel dieses Sammelbandes ist es, in Einzelbeiträgen grundsätzliche Informationen zur Internationalen Ordnung, zu Geopolitik, Geostrategie, Geoökonomie und zu gesamtstrategischen Überlegungen zu geben. Der Band ist nicht erschöpfend, sodass durchaus noch Raum für weitere relevante Themen gegeben ist. Damit wird ein erster Schritt zur Auffüllung der Informationslücke bei politischen Entscheidungsträgern sowie interessierten Laien getan.

Aus dem Inhalt: Die Internationale Ordnung im 21. Jahrhundert · Konzeptioneller Ist-Bestand und neue Anforderungen an Geo-Konzepte und gesamtstrategische Überlegungen · Zu den Begriffen Strategie – National Interest – Grand Strategy – Gesamtstrategie und ihren Zusammenhängen · Strategiebildung in der Internationalen Ordnung: Herausforderungen und Prämissen · Modellhafte Annäherungen zur strategischen Gestaltung der Internationalen Ordnung · Strategische Kultur als Rahmen für Handlungsalternativen · US and European Strategic Thought: Comparing the Imcomparable

FSC
www.fsc.org
MIX
Papier | Fördert
gute Waldnutzung
FSC® C083411

Kolibri 360 GmbH
Ferdinand-Jühlke-Straße 7
99095 Erfurt, Deutschland
produktsicherheit@kolibri360.de

Druck:
CPI Druckdienstleistungen GmbH
im Auftrag der
Kolibri 360 GmbH
Ferdinand-Jühlke-Str. 7
99095 Erfurt